피부미용인을 위한
피부과학

명은진 · 신지영 · 최도점 공저

태학원

머리말

최근 국민 경제 성장으로 정신적 육체적 건강을 위해 삶의 질을 향상시키기 위한 노력들이 이루어지고 있다. 이런 욕구 충족을 위해서는 피부의 올바른 이해와 전문적인 지식을 갖춘 인력이 필요하게 되었고 또한 체계화된 연구서적도 필요하게 되었다.

이 책은 본인이 피부관리, 피부와 영양 및 피부와 관련된 과목을 가르치며 피부와 관련된 전반적인 내용을 다루면서 다른 과목과도 연결지어 종합으로 생각해보는 사고방식을 갖고자 시도하였다. 특히 피부 미용인이 알아야 할 피부와 영양, 미용인을 위한 기초화학, 기초 인체 해부학 및 기초 미생물을 구분하여 보다 쉽고 체계적으로 이해 할 수 있도록 시도하였다. 따라서 피부 미용과 관련된 사람들에게 도움이 되는 지침서가 되리라 생각된다.

끝으로 이 책이 출간되기까지 도와주신 태학원 사장님과 편집부 여러분께 감사드린다.

2005.

저자 일동

차례

제1장 피부 미용의 역사

제2장 세 포

제3장 피부의 구조

제4장 피부의 생리적 기능

제5장 피부의 부속기관

제6장 피부의 유형

제7장 피부와 영양

제8장 피부와 자외선

제9장 피부 미용을 위한 기초 화학

제10장 피부 관리와 기초 인체해부학

제11장 피부미용을 위한 기초 미생물

1 피부 미용의 역사

1 옛날 색조화장

1 피부 미용의 역사

화장품을 이용한 몸치장은 옛날 관습에서 유래하였으며 이때는 의학의 일부분이었다. 피부미용의 기원은 옛날 문화적 유적인 고고학적 발굴품, 그림, 조각 및 문서를 통해 피부미용방법 및 화장품으로 사용된 것들이 증명되고 있다. 과거 역사연구를 통해 그들의 관습에서 화장품을 이용한 피부미용은 매우 흥미로운 일이다. 사람들은 그들 자신을 가꾸기 위해 항상 시도했으며, 남자와 여자들은 머리나 피부에 다양한 화장품의 물질을 이용하였다.

1 옛날 색조화장

옛날에는 색을 내는 물질들은 피부, 머리, 손톱 및 문신에 사용하였다. 색을 내는 물질은 나무, 무기질, 곤충, 열매, 허브, 식물잎사귀 및 그 외 많은 물질로부터 다양한 색이 만들어져 옛날부터 중세까지 사용되었다. 먹은 의학 및 화학에 널리 이용되었으며, 속눈썹에 사용하여 눈을 크게 보이게 하였다. 검댕은 눈썹이나 속눈썹에 이용하여 눈을 진하게 하는 아이 샤도우로 이용되기도 하였다. 산화철은 색조 얼굴에 기본적으로 사용되었다. 옛날에 이용된 미용재료들은 현대에서는 그 위험성을 고려하여야 할 것이다.

1. 이집트시대

옛날 이집트에서 종교적 행사나 질병예방에 화장품을 이용한 흔적이 있다. 이집트에서는 종교적 행사 때 향기를 이용한 정화 의식이 행해졌다. 이집트 사람들은 이집트인들은 청결을 효과적인 미용법으로 생각하여 체계적인 목욕법을 만들었고 신체의 건강함과 아름다움 유지에 특별한 가치를 두었으며, 그들의 목욕법, 건강법, 오일 마사지, 향수로 하는 세척, 호흡법, 체조, 안마 등은, 오늘날 이용되는 방법의 기초가 되었다. 이집트인들은 목욕 후에 향 로션 및 연고를 이용하였고 빗이나 거울은 화장실 용품으로 종종 사용하였다. 목욕문화는 후에 로마와 그리스에 영향을 미쳤다. 이집트의 여왕인 클레오파트라는 머리, 손톱, 얼굴 및 신체에 향료나 화장품을 이용하였으며, 최종 마무리로는 장식용 머리가발을 착용하였다. 이집트에서는 손톱, 머리 및 피부를 위해 많은 향유를 이용하였으며 화장품도 생산하였다.

유대인들은 머리나 피부의 건강한 아름다움에 관심이 있었으며, 성경에는 머리 바르는 기름인 향유에 대하여 말하고 있다.

화장법에 있어서 백납을 사용하여 피부를 희게 하였고 신체피부에도 정교하고 부드러운 무늬를 그렸다. 금속 광석에서 얻어지는 짙은색 원료로 눈썹, 아이라인, 속눈썹을 물들였고 입술은 빨간색, 볼은 분홍색, 손톱은 오렌지색으로 물들였다.

2. 그리스시대

그리스 문화는 B.C146~460년까지 최고의 전성기였다. 그들은 향수를 많이 만들었으며 화장품들은 의학적 목적으로 사람들에게 사용하거나 그들의 종교의식에 이용하였다. 그리스 여성들은 흰색을 먼저 바르고, 그들의 눈에는 먹을 바르고 볼과 입술에는 주홍색을 사용하였다. 이 주홍색은 경명주사를 갈아 만든 가루로 수은을 포함하는 밝은 붉은색이다. 경명주사를 연고와 혼합하거나 피부에 뿌리거나 하였다.

그리스에서는 목욕을 하면 청결하다고 믿었으며 이들은 또한 손톱과 피부관리 및 머리장식도 최고의 수준이었다. 그들은 식이요법(식사량 조절), 목욕, 운동, 마사지로 신체관리를 추구했으며 목욕, 운동 및 마사지는 이들의 실생활이었다. 일반 여성들은 기초화장 외에 화장을 하지 않았으나 매춘부들은 매우 짙은 화장을 하였다.

3. 로마시대

옛날 로마에서는 향기로운 화장품을 이용하는 그리스 전통을 많이 받아들였다. B.C. 454경에는 로마남성들은 깨끗한 얼굴을 하기 위하여 면도를 하였다. 여성들은 얼굴에 와인이나 밀가루 및 우유를 사용하였다. 분필이나 백분을 혼합하여 얼굴의 화장품으로 이용하였다. 볼과 입술은 야채로부터 붉은 색을 만들고 눈썹 및 속눈썹 같은 칼라 메이크업도 사용하였다. 가끔 얼굴에 옥수수나 밀가루와 우유 및 버터를 혼합하여 팩으로 사용하기도 하였다. 로마에서는 머리염색도 하였다. 로마의 목욕탕은 남성과 여성이 구분되는 공중시설이 있었다. 목욕 후 건강한 피부를 유지하기 위하여 다양한 오일을 사용하였다. 또한 로마에서는 꽃이나 샤프란, 아몬드 등 다양한 성분들로부터 여러 가지 향을 만들었다. 그들은 머리, 손톱 및 피부의 건강 유지을 위해서 다양한 화장품을 이용하였다. 향수, 오일, 화장이 생활의 필수품으로 등장하였고 로마의 의사였던 갈렌(A.D. 130~200)은 해부학, 생리학, 약학 등의 저서 외에 화장품 제조에 관한 처방전도 남겼다. 몸의 청결을 중요시하여 스팀미용법, 한증미용법, 냉수욕, 약물욕 등 다양한 목욕법도 발달되었다.

4. 중세

중세 유럽은 고대와 르네상스 사이로 즉 476~1450년까지 로마의 멸망 전까지이다. 이때 사람들의 복장은 삶의 방식인 종교적인 믿음과 밀접한 관계가 있다. 종교적으로 금욕적인 것을 선호했으므로 화장품 사용과 같은 얼굴과 신체의 미용행위는 금지되었다. 중세에는 목욕을 매일 하지는 않았으나 향기 나는 오일을 사용하였다. 여성들의 입술과 볼에는 칼라메이크업을 하였으나 눈 화장은 하지 않았다. 중세 A.D. 1100~1500년 영국에서는 화장품학과 의학을 함께 가르쳤다. 화장품학과 의학은 16세기까지 정식으로 분리하지 않았다. 이 시기에는 공중목욕탕이 개발되었고 약초스팀법이 개발되어 깨끗한 피부를 위하여 끓는 물에 보리수꽃, 로즈마리, 사루비아 등의 약초를 넣고 그 스팀을 얼굴에 쐬었다. 약초추출에센스를 비롯하여 화장품 제조에 중요한 역할을 하는 알코올도 발명되었다.

5. 르네상스 시대

이 시기에는 몸치장에 상당한 비중을 두었다. 남녀 모두 외모에 신경을 썼으나 세수, 목욕습관, 위생관념이 없었으며 목욕설비도 없었다. 이들은 불결한 환경으로 인해 나는 악취를 제거하기 위하여 신체뿐만 아니라 의복에도 향수를 많이 사용하였다. 얼굴은 정제된 화장수로 관리하였는데 화장수는 알코올, 약초추출물, 우유, 꿀을 혼합하여 만들었다. 또한 이시기에는 비교적 관습에 얽매이지 않고 이마를 최대한 넓게 보이기 위해 헤어라인에서 이마, 눈썹까지 면도를 했다. 또한 여성들은 눈썹이 없는 것이 최고의 미인이었다.

6. 엘리자베스 1세 시대

엘리자베스 1세 때는 얼굴 팩이 유행하였다. 로션과 팩은 깉은 달걀껍질이나 명반, 붕사, 아몬드 및 양귀비씨 등과 같은 성분으로 만들어졌다. 우유, 와인, 버터, 과일 및 야채도 향수나 화장품을 만드는데 많이 이용하였다. 입술과 볼에는 색깔 있는 화장품을 이용하였으나 눈 화장은 없었다. 엘리자베스 1세 때는 머리가발이 일반적으로 유행하였다.

7. 사치시대

Marie Antoinette는 1755~1793년까지 프랑스 여왕이었다. 이 시대를 사치시대라 부른다. 이 시기에는 여성들이 목욕을 할 때 여러 가지 사치스런 화장품이나 우유, 딸기 등을 사용하였다. 그들은 전분으로 향가루를 만들어 얼굴분으로 사용하였다. 입술과 볼은 핑크에서 오렌지색깔을 띄었다. 얼굴의 결점을 숨기기 위하여 작은 실크조각들을 이용하였다. 눈썹과 속눈썹은 광택이 나는 색조였으나 눈 주위에 강렬한 색깔을 사용하지는 않았다. 남성과 여성들은 풍성과 옷과 가발을 사용하였다.

8. 빅토리아시대

영국의 빅토리아 여왕시대(1837~1901년)에는 옷이나 헤어스타일, 메이크업 및 패션은 이시대의 정신적 영향을 받아 검소하였다. 메이크업과 사치스러운 옷들은 극장을 제외하곤 사용하지 않았다. 미국사람들은 유럽의 유행 패션을 모방하는 경향이 있었다. 이 시대에는 여성과 남성모두 개인청결에 관심이 있었다. 피부의 아름다움과 건강을 유지하기 위하여 사용하는 팩은 꿀, 달걀, 우유, 오트밀 및 과일 등의 여러 성분들로부터 만들어 졌다. 빅토리아시대의 여성들은 입술이나 볼의 연지는 립스틱과 같은 색깔의 화장품을 사용하였다.

• 동양

동양에서는 오래전에 건강에 일부로 역사에 기록되어져있다. 몸치장을 위하여 옷감을 이용하였고 향수 및 다양한 제품을 이용하여 자신을 보호하기 위한 화장을 하였다. 중국의 부유층에서는 손톱관리가 당연한 것이었다. 일본에서는 Geisha의 메이크업과 복잡한 모양의 머리를 하였다. 동양에서는 건강유지 청결 미용은 의복에 의한 것으로 알았다.

• 아프리카

옛날부터 아프리카는 다양한 의학이 발달하였고 몸치장을 위한 물질들은 그들의 자연환경으로부터 얻었다. 그들의 패션이나 머리 모양은 난해하였으며 그들의 신체나 얼굴에는 여러 가지 색깔로 색칠하였다. 때때로 그들의 복장과 머리모양은 오늘날에도 볼 수 있다.

9. 근세(19세기)

이 시대에는 위생과 청결이 중시되어 비누의 사용이 보편화되었고 화장품이 일반 시민에게도 보급되었다. 독일의 후펠란트(1762~1836)는 자신의 저서를 통해 미용법을 피부와 신체의 건강을 유지하고 보호하기 위한 예방의 의미로 매일 관리되는 오늘날의 피부문화로 승화시켰다.

10. 현대(20세기)

20세기에는 향장품의 종류가 다양하게 개발되고 다량 생산되어 대중화된 시기이다. 20세기에 들어서자마자 1901년에는 마사지크림이 개발되어 대중화되었다.

- 1912년 폴란드 화학자 C. 풍크에 의해 비타민이 발견되고 내분비호르몬을 비롯한 자연물질의 과학적 발견으로 생약학, 생화학, 생리학을 기초로 한 피부미용이 발전되었다.
- 1920년대에는 미국의 새로운 혁명이 선보였다. 여성들은 무성영화의 스타들의 옷이나 메이크업 및 헤어스타일의 영향을 받았다. 또한 여성들은 짧은 웨이브 머리나 연지, 립스틱 및 눈 메이크업을 하였다. 이 시기 패션의 특징은 밝은 색깔의 큐피드의 활모양의 입술과 아이섀도우 및 눈 아래 라인을 하였다. 신체, 머리 및 피부 관리를 위하여 다양한 크림이나 오일 및 로션을 사용하였다.
- 1930년대에는 호르몬이 함유된 화장품이 개발되어 효과 면에서 각광을 받았으나 부작용이 있어 대중적으로는 사용이 금지되었다. 또한 미국 여성들과 남성들은 대중매체의 많은 영향을 받았다. 즉 신문, 잡지, 라디오 및 영화가 미국뿐만 아니라 다른 나라의 패션에도 영향을 주었다. 퍼머넌트웨이브로 여러 가지 머리스타일을 만들었다. 여성스타들의 입술이나 볼은 밝은 색상이었고 아치형 눈썹과 은색 및 금발머리가 일반적인 경향이었다. 남성들은 윤기 있는 머리와 정돈된 머리스타일을 가지고 있었으며 일반적으로 말쑥한 콧수염도 가지고 있었다.
- 1940년대 제2차 세계대전 이후 대부분의 젊은 남성들은 군복이 일종의 유니폼이었다. 말쑥한 얼굴, 짧게 깍은 머리, 말쑥한 유니폼이 신사의 요구조건 이었다. 영화배우들은 여성들의 메이크업이나 헤어스타일 및 의상패션에 안내자였다. 40년대 여성스타들은 최고디자이너의 옷들이었다. 그들의 머리나 메이크업도 최고의 예술가들의 것이었다. 스크린에서 본 스타일들은 많은 여성들이 모방하였다. 볼과 입술은 자연적인 색깔은 추구하였다. 전쟁시기에 물질의 부족상태에서도 화장품이나 몸치장은 계속 발전하였다.
- 1947년 프랑스의 바렛트 교수는 전기적 또는 기계적인 수단으로 피부를 통해 영양물질을 깊숙이 침투시켜 주면 신진대사에 영향을 미치는 것을 증명하여 전기피부미용(electro cosmetic)의 토대를 마련하였다.
- 50~60년대는 헤어스타일이나 옷 및 패션의 복고풍이 일어났다. 유럽디자

이너들이 의상과 헤어스타일에 큰 영향을 주었다. 전신마사지나 피부 관리들을 한곳에서 다 하는 살롱이 번창 하였다. 몸치장을 하는데 대부분의 가족들은 화장품을 많이 사용하였다. 미국 내 많은 살롱에서는 피부 관리나 마사지를 할 때 화장품의 향이나 색깔에 선택의 폭의 넓었다. 대형마트에는 색깔 있는 파운데이션이나 메이크업, 클린저, 로션, 크림, 보습제, 입술이나 볼 및 아이샤도우 등이 넘쳐났다. 이 기간에는 영화배우들의 메이크업이나 헤어스타일이 많은 영향을 미쳤다. 또한 두꺼운 눈썹이나 입술이 유행이었다. 가짜속눈썹이나 굵은 아이라인으로 눈을 강조하는 것이 대중화되었다. 입술과 볼의 색깔은 대부분 밝은 빛깔들 이었다. 1960년대 이후에는 화장품으로 얼굴 윤곽을 조절하기 시작했으며 얇은 눈썹이 다시 돌아왔다.

- 70년대~80년대는 피부와 머리의 아름다움을 유지하기 위한 다양한 제품들이 만들어졌다. 이 새로운 경향은 메이크업이나 헤어스타일에 독특한 개성연출을 시도하였다. 메이크업은 점점 더 화려한 색깔을 하였다. 여성들과 남성들 모두 과학적인 피부 관리 분야에 새로운 관심을 보였다. 많은 살롱은 풀 서비스 살롱으로 변해갔으나 두피관리 및 머리스타일 만은 하지 않았으나 아름다움을 위한 몸치장의 전 영역에서는 모든 서비스를 다 하였다.
- 90년 이후 새로운 패션이나 메이크업 패션은 계속되었다. 오늘날 여성들과 남성들은 피부 관리나 화장품 사용 및 건강을 위하여 많은 정보를 이용하고 있다. 많은 사람들은 그들의 건강이나 외모에 과심을 갖고 피부 관리사에게 전문적 서비스 및 특수 관리를 계속 요구하고 있다.

현대의 피부미용은 자연 그대로의 피부의 건강과 아름다움을 추구하는 것을 목표로 하고 있다. 이를 위해 자연에서 추출한 원료를 기초로 하고 있으며, 피부과학을 토대로 고도로 발달되는 생약학, 생화학, 전기학 등 과학기술을 그 수단으로 하고 있다.

2 세 포

① 세포

② 세포막을 통한 물질이동

③ 조직

2 세 포

① 세포

생명의 기본적인 단위는 세포이다. 즉, 생체에서 독립적으로 생명을 영위하는 최소 단위이며, 세포의 형태는 그 기능에 따라서 다양한 크기와 형태를 이룰 수가 있다. 성인 신체에는 75조 세포가 있다. 피부, 신장, 심장 및 간 등의 세포가 모두 교체되는 기간 6~9 달이며, 뼈는 7년 정도 걸린다.

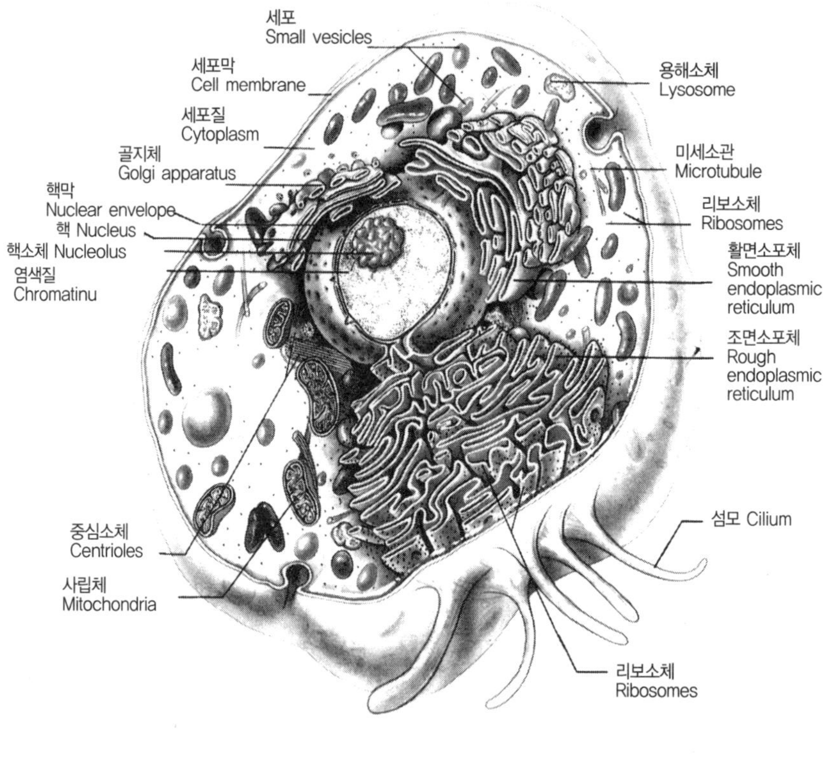

그림 2-1 세포의 구조

[세포의 화학적 구성]

- 무기물 : 물, 산소, 이산화탄소, 무기질, 전해질
- 유기물 : 당질, 지질, 단백질, 핵산

1. 세포막

세포막은 세포에 가장 바깥쪽에 존재하며 생명체의 활성 부위이다. 세포막은 사소한 손상은 재빨리 밀봉시킨다. 그러나 손상 부위가 넓으면 세포 내용 물이 유출되어 세포는 죽는다. 세포막은 얇고 탄력성이 있는 막이다 이 막은 단백질(60%) 과 지질로(40%) 구성되어 있다. 지질은 65%의 당지질과 25%의 콜레스테롤 그리고 10%의 기타 지질로 구성되어 있다. 이들 분자는 수용성 머리는 인산기를 포함하며 막의 표면을 형성하고 이들의 비수용성 꼬리는 지방산 고리를 구성하여 내부를 구성한다(그림 2-2). 이 막의 내부는 지질 분자의 지방산으로 구성되어 있기 때문에 지질에 쉽게 녹을 수 있는 산소와 이산화탄소와 같은 분자는 이 층을 쉽게 통과 할 수 있다. 세포막의 내부에 파묻혀 있는 많은 콜레스테롤 분자는 세포막의 수용성 물질에 대한 투과성이 떨어지도록 만드는 역할도 한다. 세포막은 많은 종류의 단백질을 포함하고 있다. 이 단백질은 특별한 기능을 담당하고 있으며 이 단백질은 인지질의 이중층에 단단하게 꼬인 막대기 모양으로 파 묻혀 있다. 또 다른 단백질의 일부는 세포막을 관통하여 좁은 통로를 만들어 비투과성인 여러 분자와 이온을 통과 할 수 있게 한다. 다른 일부는 입자 형태의 물질만 내부로 들여보낸다. 다른 구형 단백질은 세포막 내부와 연결되어있어 화학반응을 촉진시키는 기능을 한다(그림 2-3).

막의 형태 : 장막 - 흉강, 복강의 벽을 형성 → 장액을 분비 막 표면의 윤활
점막 : 구강, 비강, 소화관, 호흡관, 요도관, 생식계통 도관 포함 → 점액분비
피부막 : 표피계통의 기관 주로 피부라 불린다.
윤활막 : 관절, 관절강 →윤활액을 관절강 안으로 분비 뼈의 끝부분을 미끄럽게 해준다.

막의 일반적 특징 - 물질의 출입을 조절

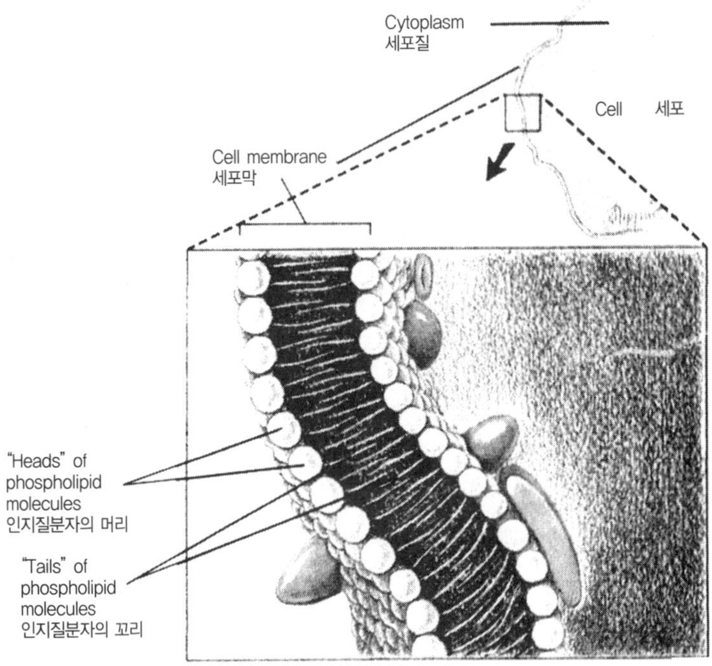

그림 2-2 세포막의 구조

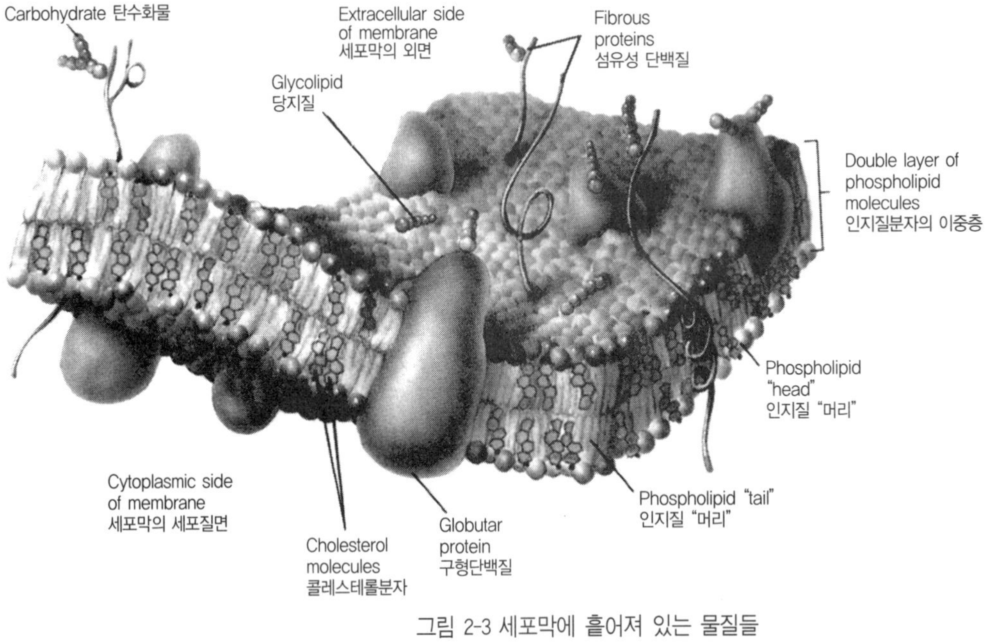

그림 2-3 세포막에 흩어져 있는 물질들

2. 세포질

대사반응의 장소로 특별한 역할의 담당기관

1) 형질내세망(Endoplasmic reticulum)

형질내세망 : 세포질 속에 존재하는 여러 관의 복합체이다.

과립 형질내세망 : 단백질 합성과 깊은 관계가 있다. 정보전달 체계가 있다.

무과립형질내세망 : 스테로이드호르몬과 같은 다양한 지질분자를 만드는데 사용하는 효소가 있다.

2) 용해소체(Lysosome)

리소좀은 지단백질성 막으로 싸여 있고, 55~58Å 크기의 작은 수많은 과립들로 채워져 있다. 이들 단백질성 과립은 가수분해 소화효소로서 유기회합물을 물분지로부터 유리된 수소와 수산기를 가지고 한 분자 또는 여러분자로 분해 시킨 수 있다. 리소좀 속에는 다량의 acid hydrolase 도 가지고 있어 단백질, 핵산, 탄수화물을 가수분해하여 저분자로 만들 뿐만 아니라 세포 내로 들어온 큰 알맹이(예 : 세균, 파괴된 세포의 파편)에 리소좀이 부착하여 리소좀 속의 내용물이 흘러들어 가므로서 소화된 찌꺼기는 세포질 내로 확산되거나, 세포 밖으로 내보내는 식작용을 하여, 방어기전을 나타내거나, 세포질을 정화시키는 작용도 한다. 백혈구 속에 많이 존재하며 침입한 이물질의 분해하는(강력한 효소함유) 기능이 있다.

3) 골지장치(Golgi apparatus)

골지복합체는 단위막으로 된 여러 개의 소포와 소관들의 집합체이며, 보통 핵에서 가까운 곳에 위치해 있다. 기능은 합성된 단백질을 포장(당당백)하여 세포막으로 분비한다(그림2-4).

4) 사립체(Mitochondria)

미토콘드리아는 풍부한 에너지인 고인산화 화합물을 형성하며, 모든 세포의 세포질 속에 수백개 내지 수천개를 가지고 있는데, 이는 각 세포들이 그 기능을 수행함에 있어 필요한 에너지양과 밀접한 관계가 있다. 화학반응 조절 기능이 있다.

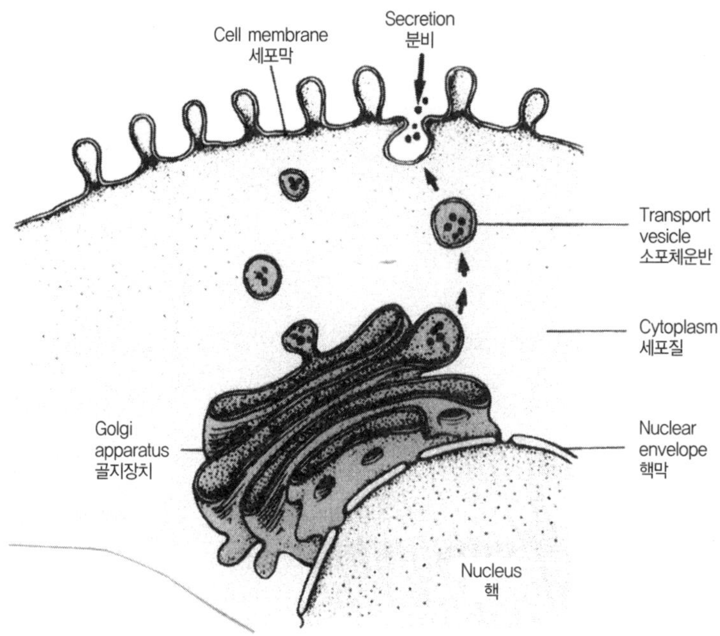

그림 2-4 골지장치

5) 리보소체(Ribosome)

내형질세망의 표면에 부착되어 있는 많은 작은 과립을 리보솜이라 부른다. 리보솜은 리보핵산(Ribonucleic acid)으로 구성되어 있으며, 세포 내에서 단백질 합성에 관여한다.

6) 과산화소체(Peroxisome)

간, 신장에 많이 존재하며, 대사반응 촉진 (카탈라제 존재 - 과산화수소분해)하는 기능이 있다.

3. 핵

핵은 세포 내에서 일어나는 화학반응과 세포증식, 조절의 중심부이다. 또한 유전인자라 불리는 데옥시리보 핵산(deoxribonucleic acid)을 다량 포함하고 있으며, 세포질 속에서 단백질 효소의 특성을 조절할 뿐 아니라 세포질의 활성화도 조절한다. 세포 분열에는 이 물질이 두 개의딸세포 속으로 나누어져 들어가며, 어버이의 유전물질을 자손에게 전달된다.

- **핵소체(Nucleolus)** - RNA, 단백질로 구성
- **염색질(Chromatin)** - 단백질과 DNA 로 구성

② 세포막을 통한 물질이동

1. 확산

세포 외액에 용해된 물질 중 어떤 것은 확산에 의하여 원형질막을 통하여 세포 외액으로부터 세포질 속으로 들어간다. 이온이나 분자가 농도가 높은 곳으로부터 농도가 낮은 곳으로 이동되는 것을 우리들은 확산이라고 부른다.

2. 삼투현상

삼투현상이란 반투과성 막을 통하여 용매가 확산되는 현상이라고 말하고, 원형질 막은 분자들이 통과할 수 있는 구멍을 가지고 있지만, 어떤 분자들은 통과가 되지 않는 불완전한 막이라고 했다. 삼투현상은 반투과성 막을 중심으로 농도가 낮은 곳으로부터 농도가 높은 곳으로의 용매의 이동 현상이다. 세포와 세포주위 사이에서 물질의 교환은 삼투현상으로 세포기능에 중요한 요인이 된다.

3. 식작용과 음작용

식작용이나 음작용은 원형질막을 사이에 두고 일어나는 물질운반의 한 형태로 한 쪽으로 움푹 들어가서 주름이 잡히면서 먹이를 삼키는 형태로 삼킨 먹이가 원형질 내로 이동한다. 이 같은 현상을 식작용 등이 미생물을 섭취할 때 또는 많은

동물의 혈액속의 백혈구에 의한 박테리아와 같은 이물질을 섭취하는 방법 등에서 관찰할 수 있다.

음작용은 식작용과 비슷한 형태의 포식작용으로 다만 원형질막으로 둘러싸고 있는 주머니가 식작용에서보다 작다.

4. 역식작용 및 음작용

세포 속의 단백질의 대량분비, 단백질이 먼저 원형질막으로 형성된 골지복합체 주머니 속에 형성 농축되고, 이 같은 주머니는 융합되어 점점 커지면서, 드디어 그 내용물을 세포막 밖으로 배설한다.

5. 여과

막 내외의 압력차에 의해 막공을 통해 이동 될 수 있는 것과 없는 것으로 분리하는 물리적 현상

3 조직

세포가 모여서 조직, 조직들이 모여서 기관을 형성 더 나아가서 기관계와 와 생물의 개체를 형성한다.

1. 조직

1) 상피조직

단층 상피조직은 세포가 단층으로 타일처럼 연결 구성되어있고 그 밑에는 기저층과 접촉되어있다. 단층 상피조직 종류로는 편평상피, 입방상피, 원주 상피, 위

중층상피로 구분된다.

중층 상피조직은 세포가 여러 층으로 겹쳐져있고 기저 세포층은 기저층과 연결되어있다. 중층 상피조직의 종류로는 중층 편평상피, 중층 입방상피, 이행상피, 중층원주상피로 구분된다.

① **편평상피** : 납작한 세포들이 단층으로 배열되어 있으며, 여기서 윤활액을 분비하여 상피의 표면을 부드럽게 한다. 예를 들면, 폐포의 내면, 눈의 각막, 내이 등

② **중층 편편상피** : 편평 단층상피가 여러 층으로 싸여 구성, 몸의 표면을 싸서 보호하고 수분의 손실을 막고 자극을 감지한다. 예를 들면, 입, 코, 항문 등

③ **이행상피** : 5~6층의 세포로 구성되어있다. 예를 들면, 신우, 수뇨관, 방광 및 요도

④ **원주상피** : 키가 큰 원통형의 세포모양을 하고 있다. 기능은 소화액의 qnsaql와 소화된 음식물의 흡수에 관여한다. 예를 들면 위 내면세포, 작은창자 및 큰창자의 내면세포, 소화선 상피 및 담낭내면세포 등

[변형된 원주상피의 유형]
- 배상세포 : 작은창자 점막에서 점액질 분비 및 큰창자에 풍부하게 분포
- 섬모원주상피세포 : 호흡기도, 수뇨관, 수난관 및 수정관에 분포
- 신경상피세포

2) 결합조직

조직과 조직, 기관과 기관을 연결하거나 지탱시켜주는 역할

(1) 태아성 조직

태아 내 풍부하고결합 조직이 분화 발달하는 중에 나타난다. 성인에게는 상처가 회복될 때 일시적으로 나타난다.

(2) 고유결합조직

· **소성결합조직** : 백색교원섬유와 황색 탄력섬유

- **섬유모세포** : 교원섬유를 형성하는 역할
- **조직구, 대식세포** : 식균 작용이 왕성
- **형질세포** : 항체 생성
- **혈구** : 혈액으로부터 세포까지 영양물질 운반 및 세포에서 혈액 또는 임파로 배설물 운반
- **지방조직** : 우리 몸에 넓게 분포한다. 기능은 에너지원, 열 손실 막고 기관 보호 및 혈관이나 신경을 지탱하기도 한다.
- **체액조직**
- **세망조직** : 혈관, 신경섬유, 근섬유 주위를 둘러싸고 있고 결합조직과 그 밖의 다른 조직의 경계부위에도 존재한다.
- **탄력성 결합조직** : 장력과 탄력성을 가지며 동맥 혈관벽, 기관, 기관지, 성대 주름 및 후두연골 등을 감싸고 있다.
- **섬유성 결합조직** : 강하고 질기고 매우 유연하여 몸을 지탱해주는 역할을 한다.
- **인대** : 뼈와 뼈를 연결하며 매우 유연성이 있다.
- **건** : 근육을 뼈와 연결시킨다.
- **건막** : 골막을 근육에 부착시켜준다.
- **막** : 체내 기관을 감싸고 있다.
- **근막** : 천부근막 - 피하 밑에 넓게 분포하여 피부가 조직으로부터 자유롭게 움직일 수 있다.
- **심근막** - 백색 섬유조직의 막으로 근육을 싸서 다발을 형성한다.

(3) 연골

견고하고 질기며 유연성이 있다.

초자연골 : 관절면, 외이, 코, 후두, 기관, 기관지 및 세기관지에서 볼 수 있다.

섬유연골 : 매우 질기며 압력에 견디는 힘이 강하다. 치골결합, 추간원판 등에서 볼 수 있으며 즉 뼈와 뼈가 맞닿는데 연결하는 역할을 한다.

탄력연골 : 후두개, 후두연골, 이관 및 외이에서 볼 수 있으며 손상을 입은 연골 부위의 재생에 관여한다.

(4) 뼈조직

세포간질 속에 인산칼슘, 탄산칼슘 등의 무기염류가 침착되어 단단하다.

[뼈의 기본적 형태]

- 치밀골 : 뼈의 가장 바깥에 둘러싸고 있다.
- 해면골 : 뼈의 양끝 골단 부위와 치밀골 내부에 존재한다.
- 골수강 : 치밀골 내부에 존재하며 적혈구의 형성 능력이 있는 적골수와 적혈구 형성 능력을 상실한 황골 수가 있다.

3) 근육조직

세포와 세포간질로 구성되어있다.

(1) 횡문근

횡으로 일정한 무늬가 있으며 골격에 부착되어 있으므로 골격근이라고도 부른다. 의지대로 움직일 수 있으므로 수의근 이라고도 한다.

근원섬유 : actin 과 myosin 으로 구성

(2) 평활근

내장을 구성하므로 내장근 이라 하며 횡문은 없다. 이 근육은 뜻대로 움직일 수 없으므로 불수의근이라 한다.

(3) 심장근

심장을 구성하는 근육으로 심장근의 특수화한 섬유가 있어 자동박동 조절계를 이룬다.

4) 신경조직

가장 기본적인 단위는 신경원이다. 신경원의 기능은 자극을 받아 다른 세포까지 보내는 역할을 한다. 신경원에서 돌출된 돌기는 신경 흥분을 전달 해주는 역할을 한다.

3 피부의 구조

① 피부

3 피부의 구조

① 피부(skin)

1. 피부의 구조는 어떻게 생겼을까?

피부는 수분, 지방, 단백질 및 무기질로 이루어져 있으며 이러한 성분들은 피부 조직의 생리현상과 관계가 깊다. 피부는 두렷한 2개의 조직층을 갖고 있다. 바깥층은 표피(epidermis)라 불리며, 안쪽층은 진피(dermis)라 불리며 표피보다는 뚜껍다. 진피 아래는 피하층을 형성한다(그림 3-1).

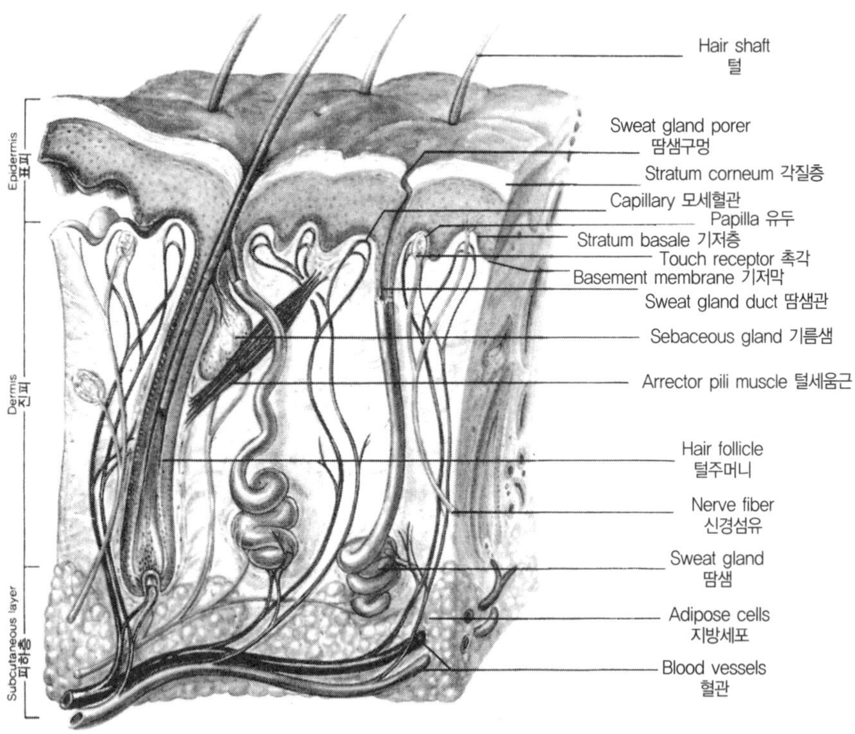

그림 3-1. 피부의 구조

2. 표피 (epidermis)는 어떻게 생겼을까?

표피는 가장 외부에 있으며 주위 환경과 직접 접촉하고 있다. 표피는 네 개의 층으로 표피의 맨 아래로부터 기저층, 유극층, 과립층, 각질층의 순서로 이루어져 있다(그림 3-2). 세포는 표면으로 이동하면서 각질이 된다. 즉, 기저층에서 분열한 각질 세포가 단계적으로 이동 하면서 그 형태가 변화하는 모양을 '각화과정' 이라고 한다. 각직이 계속 탈락되면서 새 피부가 만들어진다. 이 관정은 세포가 태어나서 죽어가는 과정이며, 이 과정을 세포주기라 하고 이 주기는 28일 정도이다. 세포가 생성되는 기반을 '기저층' 이라고 하고, 표면 위로 이동하면서 가시 모양이된 상태를 '유극층' 이라고 한다. 과립상이 되면 과립층이라 부르며 가장 외부인 피부표면에 도달했을 때 세포는 죽은 상태로 단단하게 굳어지는데 이를 '각질층' 이라 한다. 각질층은 외부 환경과 직접 접촉하고, 외부의 환경으로부터 피부를 방어해 주는 보호막 역할뿐만 아니라 유해한 자외선을 차단해 주기도 한다.

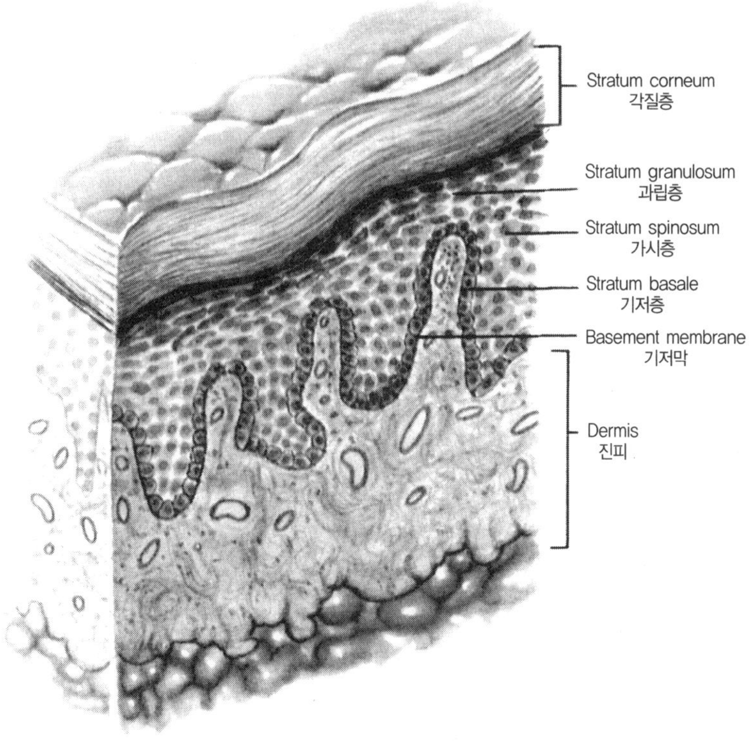

그림 3-2. 표피의 구조

1) 각질층(Statum corneum, Horuy layer)

피부의 가장 바깥쪽에 있는 무핵의 세포층이다. 각질형성세포가 세포가 분열하여 죽은 세포로 변한 부분으로 10~20층의 각 세포들이 편평한 기와모양의 얇은 각질 판으로 서로 엇갈려 맞물려 있으며, 세포와 세포간은 지질로 구성된 접착물질에 의해 연결되는데 이 지질은 2중층의 형태로 친유기 집단이 밖으로 향한 상태로 되어 있다. 각질층의 구성성분으로는 각질단백질인 케라틴(keratin), 각질 세포간 지질(lipid), 천연보습인자(natural moisturizing factor)등이 있다. 케라틴은 피부 표피층의 각질을 형성하는 부드러운 각질(soft keratin)과 손톱, 발톱, 털을 형성하는 딱딱한 각질(hard keratin)로 구분되며, 물과 다양한 화학물질에 잘 견디어 이물질의 침입을 방어하는 능력을 가지고 있다. 각질 세포간 지질은 각질세포들이 서로 단단하게 결합할 수 있도록 하여 각질층내의 수분이 증발하지 않게 방어막 역할을 하며 외부환경으로부터 피부를 보호해 주는 역할을 한다. 각질층의 천연보습인자는 각질층의 수분량을 결정하며 적당한 수분함량은 15~20%로 수분함량이 10%이하로 되면 피부가 건조해지고 각질이 일어나고 갈라지게 되며 피부에 잔주름이 생기고 예민해지기까지 한다. 즉, 각질층은 다양한 환경과 산, 알칼리 등의 자극이나 이물질의 침입으로부터 피부를 보호하지 못하게 방어하는 피부장벽의 역할을 한다.

2) 투명층(Straum lucidum, Clear layer)

투명층은 밝고 투명하게 보인다. 이 층의 기능은 확실하게 알려져 있지 않으나 약간의 방어 작용이 있는 것 같다. 투명층은 모든 피부에 존재하나 일반적인 피부부위에서는 식별이 쉽지 않고 손바닥과 발바닥에서 확실하게 관찰된다. 모발 같은 곳에는 존재하지 않는다.

3) 과립층(Stratum granulosum, Granular layer)

과립층은 수층의 과립세포로 이루어져 있으며 표피세포가 퇴화되어 각질화 되는 과정이 1단계에 해당된다. 세포퇴화의 징조로 세포질 내부에 케라틴의 전구물질인 각질유리과립(keratohyalin granules)이 형성된다. 즉 오그라든 케라틴 섬유와 편평한 과립 세포가 3-5층으로 구성되어있다. 각질 유리과립은 유황단백질(sulfur protein)을 많이 함유하고 있으며 빛을 굴절시켜 피부를 맑게 보이게 한다. 외부의 이물질과 물에 대한 방어역할을 하여 피부내부의 수분증발을 저지하고 피부염과 피부건조를 방지한다.

4) 유극층(Stratum spinosum, Priekle cell layer, spinous layer)

유극층은 기저층과 같이 살아있는 세포로 구성되어 있으며 다각형세포들의 표면에 있는 짧은 극돌기는 이웃세포의 돌기들과 연결되어 세포간교를 형성한다. 세포간교, 즉 세포사이를 통해 노폐물 배출 등의 물질교환이 이루어지게 함으로서 피부관리에 매우 중요한 역할을 한다. 이 층은 난원형의 핵과 케라틴 섬유를 발생하는 다층의 세포로서 세포는 편평하게 되어 있다. 유극층에는 면역기능을 담당하는 랑게르한스세포도 존재한다.

5) 기저층(Stratum basale Basal cell layer)

표피의 가장 아래에 있는 어린세포층으로 유사분열이 진행하는 입방형 또는 원주형 세포의 단층을 형성한다. 색소를 만드는 색소세포와 각질 형성세포를 포함한다. 기저층은 피부표면의 상태를 결정짓는 중요한 층으로 진피층뿐 아니라 기저층의 세포가 상처를 입으면 세포재생이 어려워지므로 후에 흉터가 남는 경우가 많다.

- 피부는 약산성으로 pH는 4.2～6.5 정도이다. 피부 표면이 약산성이므로 이물질이나 세균의 방어 능력을 갖게 된다.

3. 표피에는 어떤 세포가 있을까?

1) 각질형성세포(keratinocytes)

표피를 구성하는 가장 중요한 세포로 표피세포의 90~95%를 차지한다. 케라틴 단백질을 만드는 역할을 하므로 각질형성세포라 한다. 각질형성세포는 기저층에서 형성되어 세포분열을 하면서 표피의 위층으로 점차적으로 이동한다. 위로 올라오면서 세포는 각질을 형성하게 되며 세포의 모양은 점점 수축되고 편평하게 변한다.

각질형서세포가 기저층에서 생성되어 죽은 세포가 되어 탈락하기까지의 수명은 약 4주, 즉 28일 정도로 매일 각질층에서 수백만 개씩 떨어져나감과 동시에 기저층에서는 매일 수백만 개의 세포가 새롭게 생성된다. 이러한 과정이 정상적으로 이루어지고 있을 상태를 정상각화(orthokeratosis)라 하고 각질층세포의 탈락이 정상적으로 이루어지지 않고 각질층이 두터워져 있는 증상을 과각화증(hyperkeratosis), 또한 이와 반대로 각질층세포가 완전각화가 이루어지지 않고 세포핵이 남아있는 증상을 준각화증(parakeratosis)이라 한다.

· **각질세포(keratinoytes)** - 각지세포란 단백질 성분인 keratin이 80% 정도를 차지하며 이 각질은 외부의 환경으로부터 피부를 방어해 주는 보호막 역할을 한다. 모발과 손톱의 keratin은 단단하고, 표피세포는 부드럽다.

· **각화과정** : 기저층에서 분열한 세포가 단계적으로 그 형태가 변화하는 모양 즉 이를 세포주기라 하며 기간은 약 28일 (약 4주) 정도 걸린다.

2) 랑게르한스세포(Langerhans cell)

세포는 피부의 면역학적 반응과 알레르기 반응에 관계하는데 외부의 이물질인 항원이 피부에 침투하면 즉시 반응하여 면역담당세포인 림프구로 전달해 주는 역할을 한다. 즉 피부에 맞지 않은 화장품이나 물질 등이 피부에 접촉되어 흡수되면 랑게르한스세포가 관여하여 알레르기반응을 일으킨다.

· **랑게르한스 세포** : 랑게한스 세포는 세균의 침투로부터 방어해주는 역할을 한다.

3) 색소세포(Melanocyte)

기저층에서 멜라닌세포는 5～10% 정도이며 멜라닌 세포는 멜라닌색소를 함유한 멜라닌소체(melanosome)를 합성하는 기능을 한다. 멜라닌세포는 피부가 자외선에 노출되면 자외선을 흡수하거나 산란시키는 작용을 한다. 또한 정신적 스트레스, 호르몬 등의 자극을 받으면 멜라닌색소의 생성이 촉진된다. 멜라닌 색소의 주요기능은 자외선의 유해 작용으로부터 진피를 보호하는데 있으며 여러 요인에 의하여 생성되는 유해산소유도체에 대한 생화학적 중화제로도 작용할 수 있다. 멜라닌세포의 수는 인종이나 피부색에 관계없이 모두 동일하다. 피부색은 멜라닌

소체의 분해에 의해 결정되는데, 검은 피부는 흰 피부에 비해 멜라닌소체의 크기와 양이 많다. 유극층의 상부까지 멜라닌색소가 분해되지 않고 넓게 퍼져 있다. 만일 표피층의 각화현상이 불균형을 이룬다면 멜라닌색소가 피부에 불규칙적으로 머물러 색소 침착으로 나타나게 된다. 표피상층부로 올라오면서 분해가 되며 정상적 각화현상에 의해 각질층에서 완전히 탈락하게 된다. 멜라닌의 형성은 Tyrosinase의 작용으로 만들어진다(그림 3-3).

- **멜라닌 세포(melanocytes)** : 멜라닌 세포는 피부의 색소형성세포로 멜라닌이라는 색소를 만들어 우리의 피부색을 결정한다. 멜라닌 색소는 피부에 색소를 분산시키는 기능과 자외선을 흡수하여 피부를 보호해주는 역할을 한다.

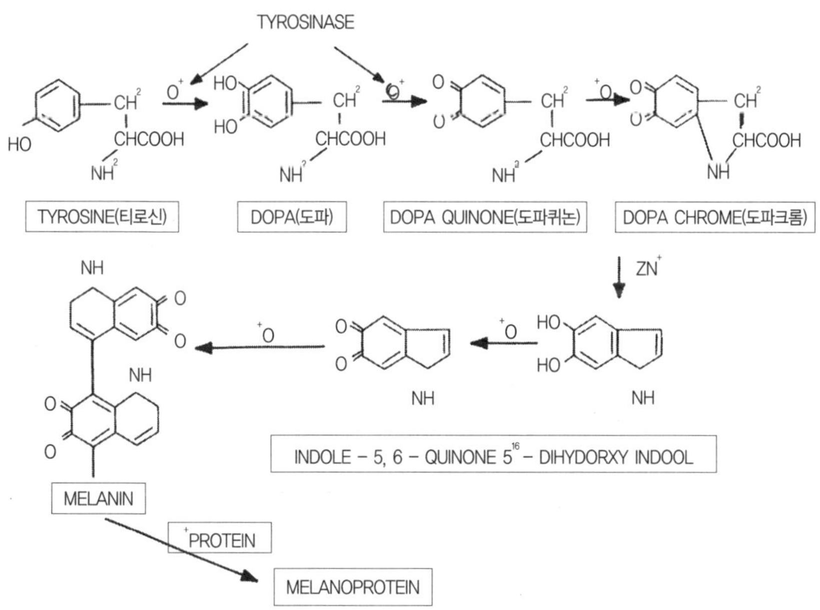

그림 3-3. 멜라닌의 형성과정

4) 인지세포(Merkel cell, 촉각세포)

표피에 광범위하게 퍼져있으나 주로 기저층에 위치하며 신경 섬유의 말단과 연결되어 있어 신경자극을 뇌에 전달하므로 촉각세포라고도 한다.

4. 진피(dermis)는 어떻게 생겼을까?

진피는 피부의 주체를 이루는 층으로 망상층과 유두층으로 구분된다. 진피는 인체를 유지하며 피부의 두께와 주름을 결정짓는 역할을 하며, 피부의 탄력과 수분을 유지한다. 진피의 70%가 섬유상 단백질인 콜라겐(collagen)이고 그 외 엘라스틴(elastin) 및 히아루론산(hyaluronic asid)으로 구성되어있다. 노화가 되면 콜라겐과 엘라스틴의 생성량이 감소된다.

1) 유두층 (Papillaray layer)

유두층은 작은 교원섬유가 둥글고 불규칙하게 배열된 결합조직으로, 이 섬유 사이에는 세포들과 많은 기질이 존재하며, 모세혈관 · 신경종말 · 림프관이 풍부하게 분포되어 있다. 유두에 존재하는 모세혈관은 혈관분포가 없는 표피로 영양분과 산소를 운반해 주고 림프관은 표피의 노폐물을 배설해 주며, 신경종말은 감각소체를 형성하여 촉각이나 압통 등의 신경을 전달한다. 유두층은 전체 진피의 10~20%를 차지한다. 유두의 물결모양은 피부가 노화될수록 편평하게 변하여 표피로의 영양공급전다, 노폐물 배설 등에 영향을 미치며 유두층의 섬유들은 변형되어 피부의 탄력성이 저하된다. 유두층은 콜라겐 섬유와 엘라스틴 섬유로 구성되어 있다.

2) 망상층(Reticular layer)

유두층의 아래에 위치하는 진피층으로 콜라겐 섬유와 엘라스틴 섬유가 더 많이 함유되어있으며 진피층의 대부분을 차지한다. 콜라겐 섬유와 엘라스틴 섬유는 피부를 지지해주며 피부의 탄력성을 유지시켜 준다. 유두층과 달리 모세혈관은 거의 없으며, 혈관, 피지선, 한선, 신경층 등이 분포되어 있다. 유두층에 비해 섬유가 많이 분포되어 탄력성과 팽창성이 큰 층으로 임산부와 비만한 사람이 피부가 늘어날 수 있는 것도 이 때문이다.

3) 진피의 구성물질

(1) 교원섬유 (Collagen fiber)

교원섬유는 진피성분의 90%를 차지하고 있는 섬유단백질인 교질원(collagen)로 구성되며 교원질은 섬유아세포에서 생산된다. 교원섬유는 진피뿐 아니라 인대나 뼈, 혈관, 치아에도 많은 비중으로 함유되어 있는데 탄력성이 매우 적으나 탄력섬유와 함께 피부에 장력과 탄력성을 제공한다. 교원섬유를 물에 담가 가열하면 이러한 결합구조가 파괴되어 형태가 변한다. 교원질 섬유는 피부 노화현상이나 자외선의 영향으로 인해 그 양이 감소되어 형태가 변하게 된다. 즉 노화된 피부의 진피 두께와 젊은 피부의 진피 두께를 관찰하면 노화피부의 진피 두께가 얇은 것을 알 수 있다. 또한 젊은 피부일 경우 수분 보유력이 좋은 용해성 교원질(soluble collagen)이 존재하며 피부가 노화될수록 수분 보유력이 좋지 못한 불용해성 교원질(unsoluble collagen)로 변질된다. 이러한 교원질의 변화는 진피의 수분함량을 감소시켜 피부의 탄력감소와 주름형성의 원인으로 작용한다. 따라서 요즘은 교원질을 주사화 또는 화장품화하여 피부에 흡수시켜 진피내의 용해성 교원질을 보충함으로서 피부의 주름을 펴거나 탄력을 제공하는 효과를 얻기도 한다.

- **교원섬유** : 삼차원적 망상구조로 장력을 제공하여 외부의 기계적인 힘으로부터 신체 내부를 보호한다.

(2) 탄력섬유(Elastin fiber)

교원섬유에 비해 짧고 가는 섬유로 주로 탄력이 있는 섬유단백질인 탄력섬유(elastin)로 구성되어 있어 탄력섬유라 한다. 탄력섬유는 물에 가열해도 젤라틴화되지 않으며 각종 화학물질에 대해서도 저항력이 매우 강하다. 또한 탄력성이 있어 피부를 잡아당겼을 때 1.5배까지 늘어 날수 있으며, 다시 피부를 놓았을 때 용수철이나 고무줄처럼 원래 상태로 되돌아가는 데 이것은 탄력섬유의 탄력성에 의한다. 이러한 방법은 피부의 탄력성을 측정할 때 이용된다. 연령이 많아지면 탄력섬유가 파괴되어 탄력섬유의 기능이 저하되게 되므로 피부가 이완되고 주름이 발생하게 된다.

- **탄력섬유** : 탄력성이 있어 피부를 잡아당겼다 놓으면 원래상태로 돌아가게하는 작용을 한다.

(3) 기질(Ground substance)

진피내의 섬유성분과 세포 사이를 채우고 있는 물질을 기질이라 하며 무정형의 젤 상태를 이루고 있으며 자신의 무게의 수백 배의 수분을 함유 할 수 있는 점다당류(mucopolysacccharide)가 주성분이다. 점다당류는 히알루론산(hyaluronic acid), 콘드로이친황산(chndroitin sulfate), 헤파린 황산염(heparin sulfate)으로 이루어져 있다. 기질은 주위의 다른 조직을 지지하면서 결체조직대사와 생체 내 전해질의 이동과 세포외액량을 조절한다.

5. 피하조직(subcutaneous tissue)은 어떻게 생겼을까?

피하조직은 지방을 함유하고 있으며 피부의 가장 아래층에 있고, 영양상태의 기반이 되는 저장지방 외에 손바닥, 발바닥처럼 탄력지방으로 구성되어 있어 외부의 충격이나 내부의 압력에 강력히 대처한다. 피하조직의 체형을 결정짓는 지방조직을 갖고 있으며 외상으로부터 내부를 보호한다. 피하지방은 표피와 진피의 활동에 영양을 보급하는 역할을 하며, 열의 방출을 막아주는 역할을 한다. 여성 호르몬과도 관계가 있어 남성에 비해 여성의 경우 피하지방층이 두꺼우며 여성 호르몬이 많이 분비되는 임신시기에는 피하지방층이 발달된다. 피하지방층에 지방이 지나치게 많이 축척되거나 조직액이 축척되어 피하조직이 두꺼워지게 되면 진피, 표피가 위로 밀려오면서 피부표면이 오렌지 껍질처럼 울퉁불퉁 튀어 올라오게 된다. 이때 피하지방층에는 지방세포 주위의 결합조직인 림프관, 혈관이 압박되어 순환장애가 일어나고 교원섬유의 탄력성이 저하되는 현상이 일어난다. 이러한 피부내부와 피부표면의 현상을 셀루라이트라 하는데, 심한 셀루라이트 증상의 경우는 비만증과 함께 순환계 질병의 원인으로 작용한다. 지방층의 분포와두께는 신체부위, 성별, 연령, 영양상태에 따라 다르며 복부와 둔부에서는 3cm 이상으로 두껍고 눈꺼풀, 귀, 음경, 음낭 등에는 발달이 미숙하다. 지방층에는 지방세포와 지방조직이 발달되어 있고 지방세포 사이사이에는 림프로 연결되는 섬유들과 혈관 림프관들이 진피에서보다 굵은 형태로 자리 잡고 있다.

4 피부의 생리적 기능

① 피부의 생리적 기능

4 피부의 생리적 기능

① 피부의 생리적 기능

피부는 신체의 둘레를 감싸는 넓은 기관으로 직접 외부와 접촉하여 외부 여러 영향으로부터 신체 내부기관을 보호한다. 또한 분비, 배설, 체온조절, 물질 흡수작용과 비타민 D 생성작용을 한다. 피부의 기능들은 인체 내부의 항상성을 유지시키며, 신체 내부의 기능과 연관되어 있어 인체가 정상적인 활동을 유지하는데 매우 중요한 역할을 한다고 할 수 있다.

1. 보호작용

1) 기계적 자극에 대한 보호작용

표피의 케라틴은 단단한 각질층으로 외적 자극에 대한 저항력을 가지고 있다. 진피층의 교원섬유와 탄력섬유 및 피하지방층에 의한 신축성은 외부의 압력이 내부로 전달되지 못하도록 쿠션 역할을 하여 외부의 마찰, 압박, 충격에 대해 피부를 보호한다.

2) 화학적 자극에 대한 보호작용

피부 표면의 피지막은 pH 4.2~6.5의 약산성 보호막을 형성한다. 이 산성 보호막은 외부의 알칼리 물질을 중화시키는 능력을 가지고 있다. 외부자극에 의해 일시적으로 피부 산성도의 균형이 깨지더라도 원상태인 약산성 상태로 다시 돌아 오려는 복원능력이 있어 피부를 보호한다. 그러나 pH 3 이하인 강산이나 pH

10 이상인 강알칼리 물질에는 비교적 저항력이 약하여 침투되므로 피부가 손상된다. 각질층의 케라틴 단백질과 세포간지질도 방어막을 형성하여 외부의 물질이 피부에 침투하는 것도 방지한다. 각질층이 얇거나 세포간 지질이 부족한 경우 외부 물질이 손쉽게 침투되므로 피부가 쉽게 손상된다. 또한 피부 표면에 약이나 화장품이 접촉되면 피부는 이물질의 침입에 대한 방어작용으로 항체가 만들어진다. 즉 알레르기 반응이 일어나며 대부분 일시적 현상이다.

3) 세균에 대한 보호작용

피부는 항체 생산 작용이 있어 피부 및 신체의 세균의 발육을 억제하고 질병의 감염으로부터 보호하는 작용을 가지고 있다. 또한 피지막의 산성도는 세균발육을 억제하는 작용을 한다. 비누를 지나치게 자주 사용하여 만성적으로 피부의 산성도가 균형을 잃고 있는 상태에서 피부는 세균에 대한 저항력을 잃어 쉽게 감염되며 여드름도 쉽게 발생된다.

4) 태양광선에 대한 보호작용

피부가 태양광선에 노출되면 표피의 멜라닌 색소는 자외선을 흡수하여 자외선 자극에 의한 생체 내의 피부 손상에 대한 피부 보호작용으로 일시적으로 각질층에서 광선을 흡수하여 각질층이 비대해진다. 이 비대해진 각질층은 자외선의 산란 작용에 의해 자외선이 피부 깊숙이 침입하는 것을 방지한다. 즉 태양광선에 의해 피부가 검어지는 것은 자연적인 피부보호기능의 하나이다.

2. 체온조절작용

신체의 정상체온은 36.5℃로서 항상 일정하게 유지된다. 피부는 모세혈관의 수축, 이완에 의한 혈류량을 조절하며, 발한에 의한 체내 열의 증발로 체온을 조절한다. 또한 체내 저장지방은 열의 방출을 막아 체온을 유지하도록 한다. 이러한 체온의 유지를 위해서는 피부의 혈관, 한선, 저장지방 등이 각기 역할을 한다. 외기의 온도 또는 질병에 의해 체온이 상승 할 때는 자율적으로 체내의 열을 체 표면으로 발산하기 위해 모공이 확장되고 피부표면 및 혈관이 확장되면 이때 피부는 홍조를 띠게 된다. 또한 체온이 정상보다 올라가게 되면 신경계통은 땀샘들이 피부표면으로 땀을 분비하도록 자극한다. 땀이 증발되면(액체가 기체로 변화) 표면으로부터 열이 제거되면서 피부는 차가워진다. 외기의 온도가 낮을 경우 체온이 계속 저하된다면 신경계통은 골격근에 있는 섬유들을 자극하여 몸 전체를 수축시킨다. 이 수축 작용은 세포성 호흡율이 증가되고 따라서 열이 발생한다. 또한 작은 집단의 근육들은 규칙적으로 수축하여 떨게 만들어 열 발생을 하게한다. 피부표면은 입모근이 수축하여 열의 발산을 막는다. 또한 피하지방층은 외부온도 변화에 영향을 최소화하기위한 보호막이다. 즉 피부의 체온조절 기능들은 외부의 환경으로부터 신체 조직을 보호하는 역할을 한다. 체온조절에 관여하는 기전은 그림 4-1에 나타나있다.

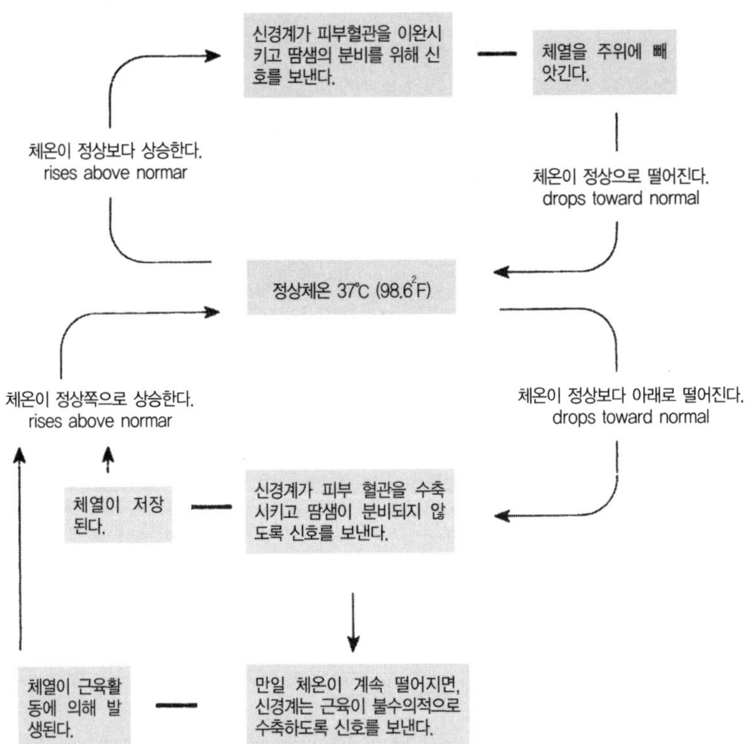

그림 4-1. 체온 조절 기전

3. 분비 및 배설

땀샘에 의한 발한은 피부로부터의 노폐물 배설작용이다. 땀은 수분 손실이나 여러 가지 화학물질 및 염분을 배설하게 된다. 또한 피부는 피지선에서 피지를 분비하는데 스트레스에 의해 피지의 분비는 증가할 수 있다. 체내에 들어온 이물질이나 체내 신진대사에 따른 노폐물은 대부분 신장, 폐 및 항문 등을 통해 배설되고 일부 적은 양의 이물질이나 노폐물은 땀과 피지와 함께 피부표면으로 배설된다. 땀의 대부분은 피부표면에서 증발하여 체온조절에 도움을 주며, 피지는 살균작용을 하여 외부의 세균에 대해 방어역할도 한다.

4. 저장작용

피부는 섭취한 영양물질을 에너지원으로 사용하며 여분의 영양물질을 저장지방으로 전환하여 저장하고 있다. 표피층과 진피층은 수분을 포함한 영양물질을 저장하고 있으며, 특히 피하지방 조직은 지방을 약 10~15kg 저장할 수 있다. 이러한 지방은 기계적이거나 물리적인 충격으로부터 신체를 보호하고, 필요할 때 에너지의 급원으로 사용되기도 한다. 피하지방조직은 지방 외에 유동체나 염분도 저장할 수 있다.

5. 감각작용

피부는 많은 종류의 감각기관의 신경섬유 종말 수용기가 존재하고 있으며 신경섬유 말단 근처에 위치하고 있는 다른 종류의 세포도 수용기로서 역할을 한다. 따라서 수용기가 자극을 받으면 국소적인 변화로 수용기의 막 전위가 일어난다. 막 전위의 변화로 활동 전위가 발생하면 감각 자극이 섬유를 타고 흘러 중추 신경계로 들어가 뇌에 의해 분석된다. 일반적으로 5가지 종류의 수용기가 있다.

- **화학 수용기** : 화학물질의 농도 상의 변화에 자극을 받게 되는 수용기를 화학 수용기라 부른다. 화학 수용기는 혈액중의 존재하는 물질의 농도를 감지한다.

- **통각 수용기** : 조직이 손상되면 통각 수용기가 자극을 받게 된다. 이 수용기는 과도한 기계적, 전기적, 온도 및 화학에너지에 노출되면 통각 수용기가 반응하게 된다.
- **온도 수용기** : 온도 변화에 민감한 수용기를 말하며 온도에 따라 민감하게 반응한다.
- **기계적 수용기** : 압력이나 운동 상의 변화 같은 기계적인 힘에 변화를 감지하는 감각 수용기를 기계적 수용기라 한다.
- **광 수용기** : 눈에 빛에너지에 노출되면 반응하는 수용기를 광 수용기라 한다.

감각은 신체 기관과 연관된 수용기를 포함하는 것들이다. 피부 표면에서 발생하는 감각은 촉각, 압각 및 온도감각 등이 있다. 감각 신경 섬유의 수용기는 일반적으로 상피조직에 존재하며 촉각과 압각에 연결되어있다(그림 4-2).

1) 감각 신경 섬유

- **마이스너 소체** : 두개 이상의 감각 신경 섬유가 각 소체에 가지가 쳐져있고 그 안에서 작은 혹처럼 되어져 끝난다. 마이스너 소체는 입술, 손톱, 손바닥, 발바닥, 유두 및 외부생식기 같은 털이 없는 피부에 많이 존재한다. 피부에 살짝 접촉하는 대상물의 움직임을 촉감으로 판단하여 민감하게 감지한다.
- **파치니 소체** : 이들 감각체는 손, 발, 음경, 음핵, 요도 및 유방과 같은 기관의 피하 조직에 존재하며 힘줄이나 인대에도 존재 한다. 파치니 소체는 강한 압박에 자극을 받으며 조직 내에 진동을 감지한다.

2) 온도 감각

온도감각에는 두 종류의 온도 수용기가 있다.

- **열 수용기** : 25℃이상의 온도에 민감하고 45℃ 이상의 온도에는 반응하지 않는다. 45℃에 이르게 되면 통각 수용기가 자극 받게 된다.
- **냉 수용기** : 10℃와 20℃사이에서 민감하게 반응하며 10℃이하로 떨어지면 통각 수용기가 자극을 받게 된다.
- **감각 순응** : 10℃ 이하나 45℃ 이상이 1분 이상 지속되면 냉온감이 사라지게된다. 이를 감각순응 이라 한다.

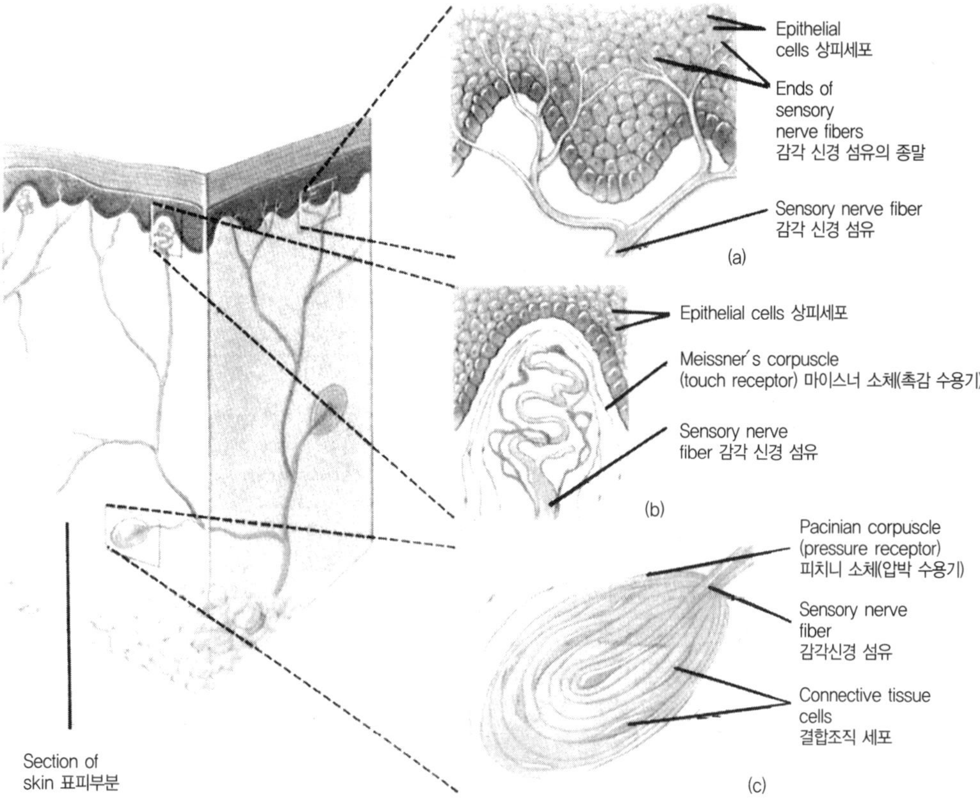

그림 4-2. 촉감과 압력 수용기

3) 통각 수용기

피부와 내부 조직에 널리 분포하고 있다. 통각 수용기는 조직이 손상 받을 때마다 자극을 받게 되는 방어적 기능이다. 통각 수용기는 한 가지 이상 변화에 자극을 받는다. 또 다른 통각 수용기는 수소이온, 칼륨이온 또는 단백질 분해로 생긴 폴리펩타이드, 히스타민 및 아세틸콜린과 같은 화학 물질에 반응한다. 빈혈이나 저산소증에 에도 통각 수용기가 반응한다.

- 통각 수용기는 순응 작용이 거의 없으며 수용기가 활성화 되면 중추 신경계로 자극을 계속 전달한다.

6. 비타민 D 합성작용

피부에 존재하는 콜레스테롤의 유도체인 7-디하이드로콜레스테롤로부터 햇빛을 받으면(파장 290-315nm의 자외선) 비타민 D_3의 중간물질이 합성된다. 이 중간물질은 비타민 D_3로 전환된다. 또한 햇빛을 과량 받으면 비타민 D_3뿐만 아니라 루미스테롤과 같은 물질이 합성되어 비타민 D_3가 과량으로 합성되는 것을 막아준다. 따라서 비타민 D의 독성으로부터 우리 몸을 방어 할 수 있게 된다. 이런 부산물들은 시간이 지나면 비타민 D_3로 전환된다. 비타민 D는 혈장의 칼슘 농도를 증가 시켜 뼈의 석회화를 도와준다.

7. 흡수작용

피부 표면에 도포한 크림 등에 들어있는 물질들을 신체내로 제한적 흡수하는 능력을 가지고 있다. 이때 각질층의 피지막에 의해 흡수가 일차적으로 차단되고 이차적으로 각질층과 과립층 사이에 있는 수분 저지막이 물질의 흡수를 차단한다. 각질층을 통한 물질의 침투는 피부표면의 지방막으로 인해 수용성 물질보다 지용성 물질이 용이하며 물질의 종류, 피부의 상태, 환경 등에 의해 영향을 받는다. 흡수가 용이한 물질로는 지용성 비타민(A, D, E, F), 스테로이드계 호르몬, 페놀, 살리실산의 유기물과 수은, 비소, 납, 유황 등의 금속이 이에 속한다. 흡수가 어려운 물질로는 수용성 비타민인 비타민 B, 비타민 C, 나이아신, 판토텐산 등이 이에 속한다.

1) 피부의 흡수

- **침투(Penetration)** : 사용된 외부의 어떤 물질이 피부표면을 통하여 피부내부로 물리적으로 침입하는 자체를 의미한다.
- **투과(Permeation)** : 침투된 물질이 표피를 통과하는 과정을 의미하며 피부세포 자체, 세포간, 한선, 모낭을 통하는 경로로 진피로 유입된다. 투과작용은 내피층의 작용을 가능하게해주는 전제조건이 된다.
- **흡수(Absorption)** : 침투된 물질이 피부투과과정 속에서 생리 화학적으로 신체의 물질과 결합하거나 또는 자신의 고유한 방법으로 피부물질변화와 에너지변

화에 관여하게 되는 것을 의미한다. 이러한 현상은 물리적인 흡수를 넘어선 신진대사의 한 과정이라 할 수 있다.

- **재흡수(Resorption)** : 피부에 투여한 물질이 피하에서 혈관이나 림프관 또는 조직에 흡수되어 투여물질의 작용이 모든 조직에 확산될 수 있는 것을 말한다.
- **경피흡수** : 피부표면을 통하여 침투된 물질이 여러 경로를 거쳐 표피를 투과하여 진피까지 도달하여 확산되는 현상을 경피흡수라 한다.

2) 피부흡수를 막는 생리적 장애요소들(Barrier elements)

생리적 요소들은 유효물질의 흡수에 있어서는 장애요소로 작용한다. 반면에 외부로부터의 유해물질의 흡수에 있어서는 피부보호요소로 작용한다고 볼 수 있다.

- **피지막** : 피지선에서 분비되는 피지뿐 아니라 피부세포의 각화 과정 중에 생성되는 지방이 표피의 각질층 위에 쌓여서 일종의 피지막을 형성한다. 피지막은 외부물실의 침투에 대한 강력한 방어벽기능을 하는 반면 수분을 비롯한 유효물질의 침투에는 장애막을 형성하고 있다. 피부표면을 덮고 있는 피지막은 피부세정 작업으로 간단히 씻어낼 수 있다.
- **각질층** : 15~20층에 이르는 겹겹이 쌓인 죽은 세포막의 일종으로 단단한 막을 형성한다. 각질층의 두께가 정상 이상으로 두꺼울 경우에는 침투 장애막으로 강하게 작용하므로 유효물질의 흡수를 돕기 위해 피부 관리시 각질을 제거해야 한다.
- **레인막(Rein membrane)** : 외부로부터의 수분의 흡수와 피부내부로부터의 수분의 증발을 저지해 주는 막이라 하여 수분저지막이라 부른다. 수분 이외에 외부의 이물질이 침입하는 것을 막는 역할을 할 뿐 아니라 체내에 필요한 물질이 외부로 빠져 나가는 것을 억제해 준다. 레인막은 표피의 과립층과 투명층을 포함한 서너겹의 피부층에 존재한다. 피지막과 각질층이 외부물질의 물리적인 침투를 막아주 는데 비해 레인막은 생화학적으로 외부물질의침투를 막아준다.
- **세포막** : 세포막은 주로 인지질로 구성되어 있어 세포의 특성상 수용성 또는 지용성 물질만을 흡수하며. 일종의 삼투막으로 되어 있어 세포막 밖의 액체 물질이 삼투작용에 의한 삼투막 통과에 적절하지 않으면 세포막을 통과해 들어가기가 용이하지 않다.

3) 흡수에 영향을 주는 요인들

(1) 피부의 습도와 온도

각질층의 습도가 높으면 각질층이 연화되어 물질의 투과가 잘되고 각질층의 온도가 상승하면 모공이 열려 투과가 잘 된다.

(2) 각질층의 두께

각질층이 두꺼운 발바닥이나 손바닥에서는 물질이 잘 흡수되지 않는 반면, 각질 층이 얇은 얼굴에서는 물질이 잘 흡수되며, 각질층이 없는 점막에서는 흡수가 훨씬 잘된다. 각질층이 얇은 피부는 유해물질의 흡수도 용이하므로 예민 반응이 쉽게 일어난 다.

(3) 연령

유아의 경우, 일반성인에 비해 피부의 두께가 얇으므로 흡수가 더 잘 되나 노인의 경우 피부가 두께워 흡수가 잘 안된다.

(4) 피부의 혈류량

피부의 혈류량이 많을수록 즉 혈액순환이 잘 될수록 흡수가 용이하다. 사우나나 목욕직후 혈액순환이 잘될 때 평소에 비해 영양물질이 훨씬 쉽게 흡수되며 적외선을 조사하면 혈액순환촉진작용에 의해 영양 물질의 흡수가 빠른 것을 알 수 있다.

(5) 물질의 상태

피부표면은 자연적인 유화상태(emulsion)인 피지막으로 덮여 있으므로 이러한 유화상태와 유사한 친유성 물질의 흡수가 용이하다. 또한 피부에서 장벽역할을 하는 각질층의 사이사이에는 지질이 위치하므로 친유성 물질이 유리하게 흡수된다. 이러한 이유로 일반적으로 화장품의 조제방법에서는 물과 오일을 유화시킨 상태에 유효성분을 섞어 피부에 흡수시킨다. 지방 중 식물성 지방과 동물성 지방은 잘 흡수되나 광물성 지방(파라핀, 바셀린)은 피부에 흡수되지 않는다. 화장품에서는 식물성 지방이나 동물성 지방을 용매로 이용하여 물질을 흡수시키는데, 특히 양모에서 추출해 낸 라놀린(lanolin)은 수분을 흡수하여 잘 지탱하는 특성이 있어 유화제로 흔하게 사용된다. 흡수물질의 분자량, 즉 분자의 크기는 각질층 세포 사이의 틈과 관련하여 이보다 작아야 침투와 투과가 쉽다. 각질층 세포 사이의 간격은 200~220nm로 이 간격은 작용 물질의 크기보다 침투와 투과 능력에 더욱 큰 영향을 미칠 수 있다. 물질은 피부 내부의 구성물질과 유사할수록 피부와 친화력이 강한데 이러한 물질의 경우, 피부 내부의 물질보다 농도가 진하면 농도차에 의한 확산작용에 의해 더욱 흡수가 용이하게 된다. 식물에서 추출해 낸 휘발성 물질인 아로마 오일류는 피부에 흡수된다. 이러한 성분은 피부에 흡수된 후 혈액순환계를 따라 인체의 세포와 조직에 전달되는데, 일반적으로 24시간 후에는 인체 밖으로 배설된다.

5 피부의 부속기관

1. 땀샘
2. 피지선
3. 털
4. 손톱, 발톱

5 피부 부속기관

1 땀샘(한선)

땀샘은 거의 피부의 모든 부위에서 발생하지만 대부분 손바닥과 발바닥에 많다. 각 샘은 진피 또는 피하지방층에 있는 공 모양의 코일로 시작하는 작은 소관으로 구성되어 있다. 샘의 꼬인 부분들은 깊은 쪽에서 닫혀 있으며 땀을 분비하는 상피세포들과 연결되어있어 땀을 만들어 관을 통하여 피부 표면에 분비하는 기능을 한다. 일반적으로 성인의 경우 1시간에 약 30cc, 1일 약 700~900cc 정도의 땀이 분비되는데, 이들은 대부분 체온조절을 위해 증발되고 일부분은 피지막을 만드는 역할을 한다. 땀의 수분성분과 피지의 기름성분은 기름 중의 어떤 물질에 의해 크림 모양의 상태로 유지되어 피부표면에 피지막을 형성하는 것이다. 피지막은 피부를 부드럽게 만들며 땀과 피지에 의해 산성을 띄면서 외부의 세균에 대해 피부보호 작용을 한다. 땀의 성분은 99%가 수분, 약 1%는 고형질인 염분 · 요소 · 요산 · 휘발성 지방산 · 아미노산 등으로 이루어져 있으며, 발한 시 유독물질 · 노폐물 · 독소도 함께 배출된다. 땀을 많이 배출하면 피부가 맑아지는 점도 이러한 이유이며 발한의 중요한 장점이라 할 수 있다. 또한 땀에는 자외선 흡수작용을 하는 우로카닌산이라는 성분이 함유되어 있어 자외선으로부터 피부를 어느 정도 보호해 주는 역할을 해주며 수분을 보유해 주는 천연보습인자가 함유되어 있어 피부의 보습력을 좋게 해준다. 발한은 생리적인 에너지 소모과정의 하나로 1L 분비 시 약 540cal 의 에너지가 소모된다. 따라서 땀 분비가 지나치게 많으면 과잉 에너지 소모로 탈진상태가 된다. 한선은 그 기능과 크기에 따라 아포크린선, 에크린선으로 구분한다(그림 5-1).

1. 에크린선(소한선, Eccrine sweat gland)

피부의 어느 곳에나 존재하지만 입술의 경계부위 조갑상, 소순음, 귀두부 및 표피의 안쪽에는 존재하지 않고 손바닥, 발바닥, 겨드랑이, 이마, 서혜부, 코 부위에 특히 많이 분포되어 있다. 우리가 일반적으로 말하는 땀을 분비하는 땀샘으로 아포크린선보다 작기 때문에 소한선이라고 한다. 에크린선은 전신에 약 200~400만개의 한선이 있는데 성인이 되어도 한선의 수에는 변화가 없다. 산도가 pH 3.8~5.6으로 약산성인 무색, 무취의 맑은 액체로 평소에는 사람에게 인지되지 않는 상태로 지속적으로 배출되는데, 신체의 온도, 정신적 긴장, 혈액의 수분량, 발한작용을 촉진시켜 주는 약품, 자극 있는 음식과 음료 등의 자극요인에 의해 분비가 촉진된다. 땀 분비가 지나치게 많아지는 증상을 다한증이라 하며, 에크린선 다한증은 국부적으로 정서적 긴장, 불안에 의한 손바닥, 발바닥, 액와부, 서혜부, 외음부와 같은 부분에 많이 발생하거나 체온증가, 질병 등에 의해 전신적으로 발생한다. 다한증 지속되면 피부는 축축해지고 피부의 pH는 변화가 일어나 표피의 견고성이 떨어지고 저항력이 감소된다. 이 때 여드름과 감염성 피부질환이 발생하거나 악화될 수 있다.

1) 분포 부위

손바닥, 발바닥, 겨드랑이 및 이마에 많이 분포하고 있다.

2) 기능과 반응

에크린선은 독립된 땀구멍으로 체온조절에 중요한 역할을 한다. 체온 조절이 필요 할 때는 저장 체액을 체외로 분비하여 체온 유지를 한다. 동통, 공포, 분노 등의 스트레스 같은 정서적 자극에도 손바닥과 발바닥에 땀이 나게 한다.

3) 성분

무색, 무취이며 99%가 수분과 1%의 Na, Cl, K, Ca, 단백질, 철, 아미노산 등으로 구성되어있다. pH는 4.5～6.5이다.

2. 아포크린선(대한선, Apocrine sweat gland)

감정적인 스트레스에 반응하며 부분 분비샘은 전형적으로 냄새를 갖고 있으며 이런 샘들은 향기샘(scent gland)으로 생각된다. 이 샘은 사춘기 때부터 기능을 시작하며 싸웠거나 고통을 경험 할 때 즉 감정이 고조되면 어떤 피부의 부위들이 축축하게 된다. 또한 성적인 자극에 의해서도 활성화된다. 즉 출생 시 전신의 피부에 형성되었다가 생후 5개월경에는 퇴화하며 겨드랑이, 유두주위, 배꼽주위, 성기주위, 항문주위 등 특정 부위에만 존재하게 된다. 사춘기 전에는 분비활동이 없다가 사춘기시기부터 분비가 시작되어 갱년기 이후 기능이 퇴화되면서 분비가 감소된다. 아포크린선은 성선과 관련이 있으며 성, 인종, 개인을 결정지어주는 독특한 향을 내는 물질을 함유하고 있어 피지선과 함께 개인의 체취를 만들어 내므로 체취선이라고도 부른다. 아포크린선은 남성보다 여성, 인종적으로는 흑인, 백인, 동양인의 순으로 흑인에게 가장 발달되어 있으며 여성은 생리 전과 생리 중에 분비량이 많아진다. 아포크린선의 땀은 산도가 pH 5.5~6.5로 흰색 또는 노란색의 농도 짙은 분비물인데 단백질의 함유량이 많아 주위 세균에 의해 땀 성분이 부패되면, 악취를 발생하게 된다. 이와 같은 체취를 액취증이라 하며 심한 경우에는 냄새뿐 아니라 겨드랑이 부위의 옷 색깔까지 변색시킬 수 있다. 냄새를 줄이기 위해서는 약물비누로 자주 세척하고 항생제 연고, 또는 땀 분비를 억제시켜주는 방취제(deodorant)를 도포하는 방법이 있으나 심할 경우 아포크린선이 분포하는 부위를 외과적으로 절제한다.

1) 존재 부위

아포크린선은 겨드랑이, 유두, 치골부, 대순음, 소순음, 포피, 배꼽주위, 항문주위에 많이 존재한다.

2) 기능

주로 사람의 체취를 형성하는 역할을 한다.

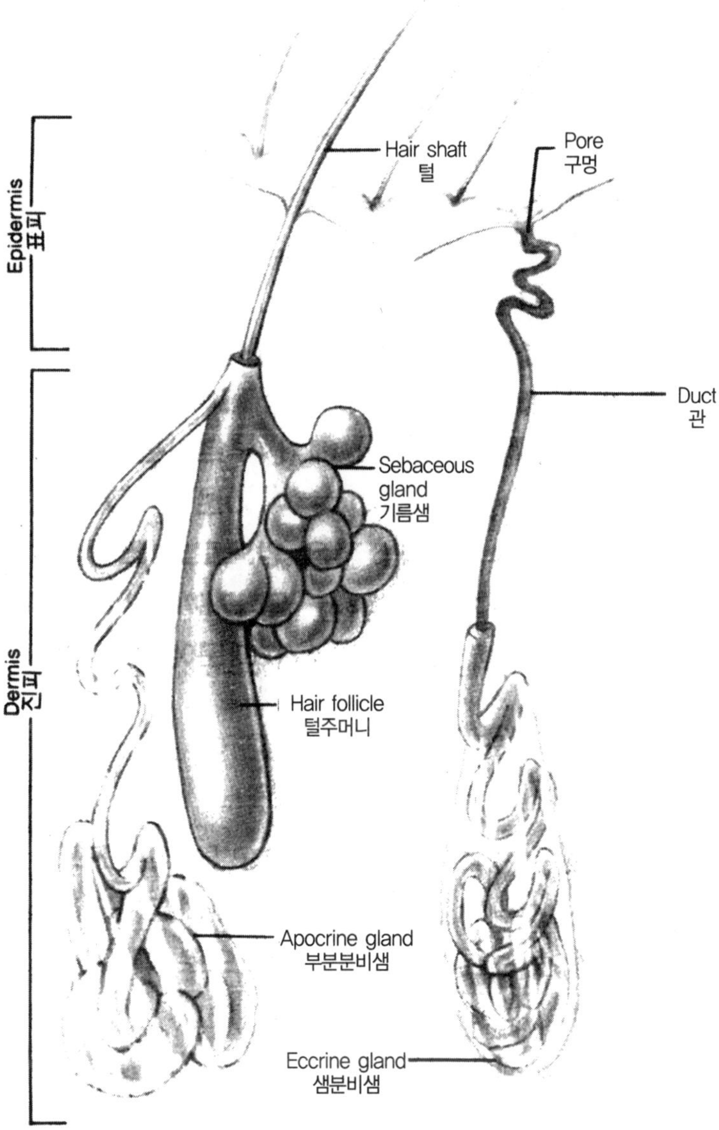
Epidermis
표피
Dermis
진피
Hair shaft
털
Pore
구멍
Duct
관
Sebaceous
gland
기름샘
Hair follicle
털주머니
Apocrine gland
부분분비샘
Eccrine gland
샘분비샘

그림 5-1. 땀샘의 구조

2 피지선(Sebaceous gland)

피지선은 특수화된 상피세포들의 무리를 갖고 있으며 털주머니와 연관되어있다. 즉 분비성 세포들과 함께 전체 세포들을 방출하는 전 분비샘(holocrine glands)들로 세포들은 지방물질의 소구체를 만들어 축척되어 세포들을 부풀게 하거나 터지게 한다. 지방질과 세포 부스러기의 결과적인 혼합물을 피지(sebum)라 부른다. 피지는 짧은 관을 통해 털주머니로 분비되며 털과 피부가 연하고 방수가 되게 해준다(그림. 5-2). 피지선은 손바닥과 발바닥을 제외한 피부 전반에 흩어져있다. 입술, 입안 및 외부의 생식기 들은 피지선이 털주머니와 연결되어 있지 않고 직접 피부 표면으로 열려있다. 사춘기에 많이 생기는 여드름은 피지선의 이상으로 생긴다. 이때 샘이 지나치게 활성화 되고 붓고, 피지선관은 막히고 샘 주위는 붉게 부어오르고 끝은 검게 되는 여드름이 된다.

1. 피지의 구성성분

피지선의 분비물인 피지는 트리글리세라이드(triglyceride), 인지질(phospho lipid), 왁스 에스텔(wax ester), 스쿠알렌(squalene), 콜레스테롤(cholesterol), 콜레스테롤 에스텔(cholesterol ester)로 구성된다.

- **염증성 여드름 생성** : 피지선에서 분비되는 트리글리세라이드는 모낭에 존재하는 여드름균(propionibacterium) 등 세균의 지방분해효소에 의해 유리지방산과 모노글리세라이드(monoglyceride) 또는 디글리세라이드(diglyceride)로 분해된다. 분해 되어 생성된 유리지방산은 모낭을 자극하여 염증을 일으켜 여드름의 염증성 병변 발생 하게 된다.
- **피지막** : 피지 중에 함유되어 있는 콜레스테롤, 라놀린, 인지질등의 지방은 땀과 기름을 유화시키는 기능을 한다. 이로 인해 피지선에서 분비되는 피지, 표피세포가 각화되는 과정에 생성되는 지방질, 땀 분비물내의 지방질들은 함께 유화되어 피부표면에 피지막이라는 얇은 막이 형성된다. 이때 형성된 피지막은 피부와 모발을 윤기 있고 부드럽게 하며 또한 외부의 이물질과 자극에 대해 막을 형성하며 피부를 보호해 준다.

· **피지막의 특징** : 피지막의 pH는 약산성으로 피부표면의 알카리성 물질을 중화시켜 피부의 손상을 막아준다. 세안에 의해 피부표면의 지방이 제거되면 피지생성에 의해 피지막은 다시 만들어진다. 피지막의 형성 정도는 개인에 따라 신체 부위에 따라 피지선의 밀도와 작용에 의해 다르다. 정상적인 피지량의 조절작용에 이상이 일어나면 피지생산이 중단되거나 여드름이 생성될 수 있다.

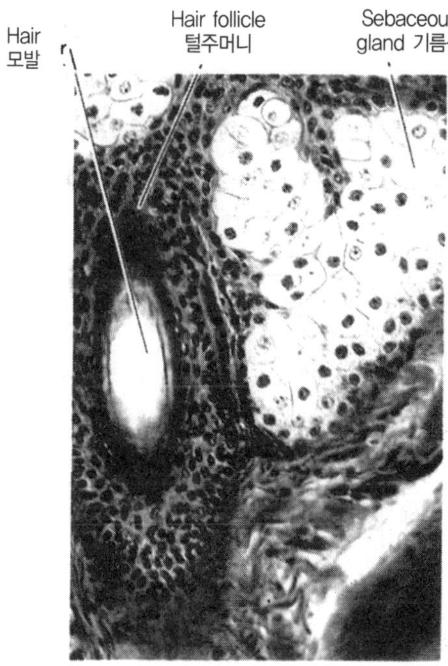

그림 5-2. 기름샘의 구조

2. 피지선의 구조와 분포

피지선은 진피의 망상층에 위치하고 있으며 모낭을 중심으로 3~5개의 주머니가 모낭 주위에 그룹을 지어 모낭으로 연결이 되며 피부표면에서 모공을 통해 분비물인 피지를 배출한다. 피지선은 전신에 걸쳐 1cm 당 400~900개 정도 분포하며 하루 평균 1~2g의 피지(sebum)가 배출된다. 피지선의 대부분은 털과 연관되어 있으나 털과 연과 되어 있지 않고 독립되어 존재하는 것도 있다. 이것은 독립 피지선이라 하며 입술, 구강점막, 유두 등에서 볼 수 있다. 피지선의 분포와 피지의 분비량을 신체부위마다 다른데, 손바닥 · 발바닥 · 입술에는 피지선이 존재하지 않으며, 얼굴의 T-zone, 두피, 가슴, 등의 중앙 부분에는 피지선이 많이 분포되어 있다.

3. 피지선의 분비

피지선은 태아 4개월경에 형성되어 출생 시에는 거의 완벽한 형태로 출생 직후 크게 발달해 있다가 퇴화된다. 퇴화된 피지선은 8~10세에 다시 기능이 시작되어 사춘기를 거쳐 청년기까지 성호르몬의 영향을 받아 완숙해진다. 이로 인해 이 시기(8~17세)에는 지성피부와 여드름경향이 나타난다. 25세까지는 여성과 남성이 피지분비량은 마찬가지로 진행된다. 그러나 나이가 들면서 점점 피지생산이 줄어들어 여성의 경우 35~40세에 많이 감소하고 폐경기를 기하여 50~60세에는 피지선이 퇴화한다. 피지의 분비는 나이뿐 아니라 호르몬, 질병, 기후나 계절, 정신적 인자에 의해 영향을 받는다. 남성의 경우 60세경에 이르러서야 피지선이 퇴화한다.

- **신생아 여드름** : 신생아에게서 흔히 볼 수 있는 피부 표면의 작고 붉은 구진들은 피지가 뭉쳐 나타나는 증상으로 신생아 여드름이라 부른다.

4. 피지 분비와 관련된 호르몬

호르몬 중 남성 호르몬인 안드로겐은 피지선을 자극하여 피지분비를 촉진시키고, 반면에 여성 호르몬인 에스트로겐은 피지분비를 억제한다. 따라서 남성이 여성에 비해 지성피부가 많으며 피부가 건성화되는 속도가 느리므로 더 늦게 노화가 된다.

- **피부유형** : 피지분비량에 따라 건성피부, 지성피부, 중성피부의 피부유형으로 구분된다.
- **건성 피부** : 피지분비량이 충분하지 못하면 피부는 건조해지는 건성피부가 되

고 모발도 건조하고 푸석해진다.

· **지성피부** : 피지분비량이 지나치게 과다하면 피부표면이 번들거리는 지성피부가 되고 모발에는 기름기가 지나치게 흐르게 된다. 또한 피지분비가 많아지면 피지의 배출구인 모공도 따라서 커지게 되므로 지성피부는 자연히 큰 모공을 갖게 된다.

③ 털(Hair, 모발)

털은 손바닥, 발바닥, 입술 및 외부 생식기를 제외한 모든 피부표면에 있다. 몸의 각 부위의 털은 생물학적, 형태학적으로 서로 다른 특징을 타나낸다. 즉 앞이마나 팔의 앞쪽은 매우 미세하다. 털은 기저부의 상피세포는 털주머니의 깊은 끝쪽에서 결합 조직의 돌기에 있는 진피의 혈관으로부터 영양분을 공급받는다. 따라서 표피 세포들이 분열하고 자람에 따라 오래된 세포들은 표면 쪽으로 밀려난다. 표면으로 밀려나온 세포들은 영양공급이 안되면서 각질화 되어 죽게 된다. 각질화되어 죽은 물질들은 털의 구조체를 형성하게 된다. 즉 털은 죽은 표피세포들로 이루어졌다(그림 5-3, 5-4).

털은 한동안 자라다 잠시 휴지기를 갖게 되며 이때 털주머니 안에 부착되어 남아 있는 시기이다. 후에 새로운 털이 만들어져 밀려 올라오면서 오래된 털은 떨어져 나가게 된다.

· **대머리** : 오래된 털은 떨어져 나갔으나 새로운 털이 올라오지 않아 털들이 대체되지 않는 상태를 말한다.

1. 털의 구조

털의 구조 및 명칭은 아래와 같다(그림 5-5).

· **모간(hair shaft)** : 피부 표면 밖으로 나와 있는 부분을 말한다.

- **모근(hair root)** : 피부 속 모낭 안에 있는 부분을 말한다.
- **모낭(follicle)** : 모낭은 털을 만들어내는 기관으로 모근을 싸고 있다.
- **모구(hair bulb)** : 전구 모양으로 이곳에서부터 털이 성장한다. 모질세포와 멜라닌세포로 구성되어 있다.
- **모유두(hair papilla)** : 모구와 맞물려지는 부분으로 모세혈관이 있어 산소와 영양공급이 이루어지며 자율신경이 분포되어 있다. 털 성장에 관여하는 가장 중요한 부분으로 피하지방에 둘러싸여 있으며, 외부의 충격으로부터 보호된다.
- **입모근(arrector pili muscle)** : 모낭의 측면에 위치한 근육으로 자신의 의지로는 움직일 수 없으나 긴장을 하였을 때나 갑작스런 냉기에 피부가 노출되었을 때, 이 입모근이 수축하여 모근부를 잡아당기게 되면 털이 서게 된다. 속눈썹, 콧털, 액와 부위의 털에는 입모근이 없다.
- **모표피(cuticle)** : 모피질을 보호한다. 각질화된 세포로서 모양은 비늘이 서로 겹쳐진 모양을 하고 있다.
- **모피질(cortex)** : 모발 중 가장 두껍고 중요한 부분으로 중간층에 위치한다. 방추형의 결합세포로 신축성과 탄력성을 가지고 있다.
- **모수질(medulla)** : 털의 맨 안쪽 중심부에 자리하고 있으며 입방형 세포가 연결된 부분으로 주로 빳빳한 털인 경모에 존재하고 솜털같이 가느다란 연모에는 모수질이 없다. 이곳에는 영양소, 공기, 색소세포 등을 함유하고 있다.

2. 털의 구성 성분

털은 케라틴(80~90%)이라는 경단백질로 이루어져 있으며 케라틴은 18가지 아미노산으로 조성되어 있는데 아미노산 중 시스틴(cystine)이 14~18%로 다량 함유되어 있어 털과 손톱을 태우면 시스틴이 분해 되어 생긴 유황화합물의 냄새가 난다. 이 외에 수분(10~14%), 지질(1~8%), 미네랄과 미량원소(0.6~1.0%), 멜라닌색소(3%이하)로 구성되어 있다.

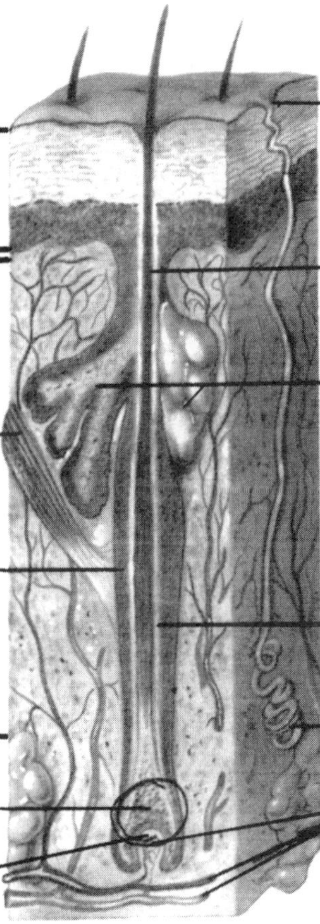

그림 5-3. 털주머니구조

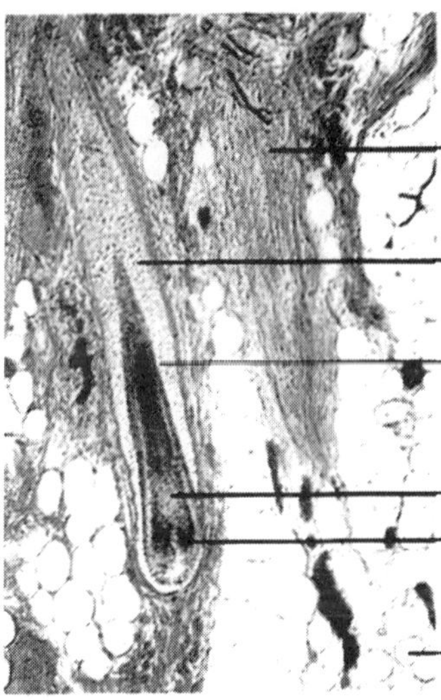

그림 5-4. 털주머니 현미경 사진

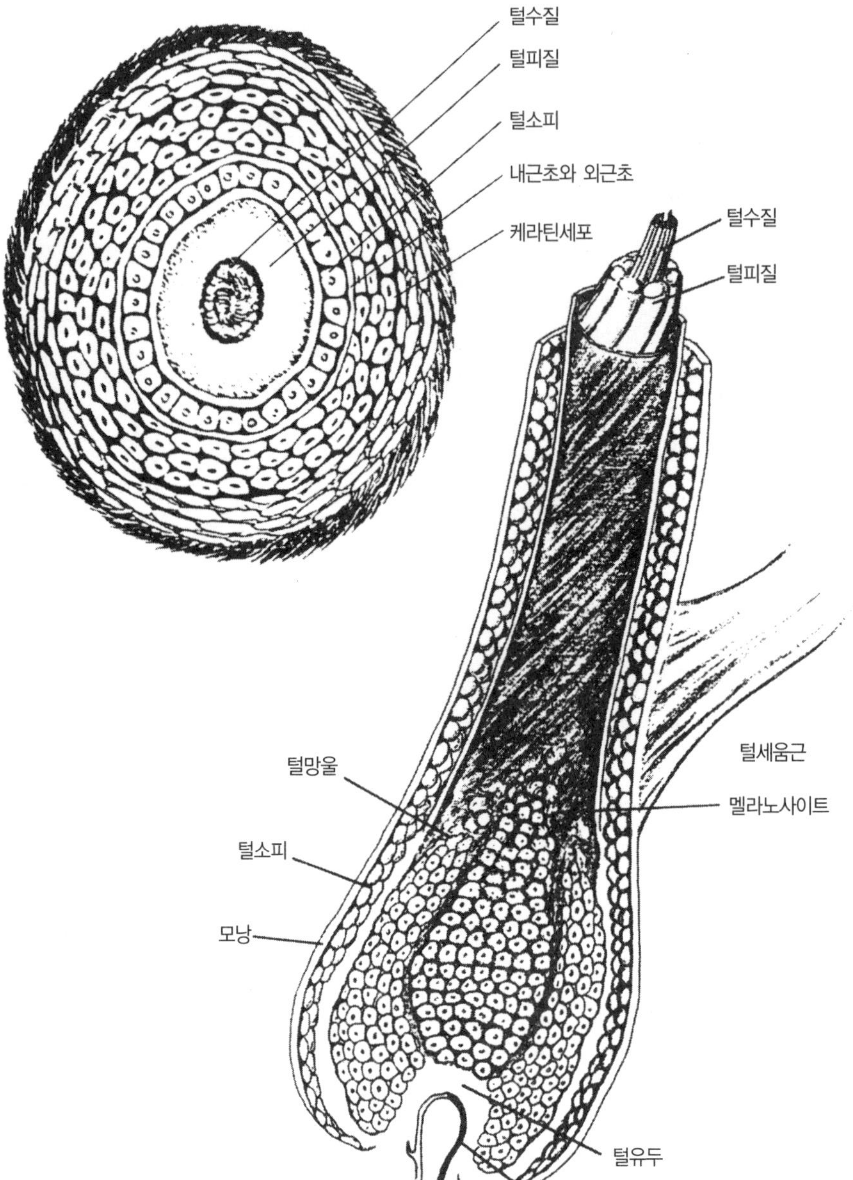
털수질
털피질
털소피
내근초와 외근초
케라틴세포
털수질
털피질
털세움근
털망울
멜라노사이트
털소피
모낭
털유두
모세혈관

3. 털의 형태

털의 굵기에 따라 취모·연모·성모로 구분하며, 털의 길이에 따라 장모, 단모로 구분한다.

- **취모** : 부드럽고 섬세하고 엷은 색의 털로 태아가 5개월 정도 되면서 나기 시작하여 전신에 분포한다.
- **연모** : 털갈이 이후에 나온 성인 피부의 대부분을 덮고 있는 섬세한 털을 말한다.
- **장모** : 긴 털로 머리카락, 수염, 음모, 액와의 털 등에 존재한다.
- **단모** : 짧은 털로 눈썹, 속눈썹 등에 존재한다.

4. 털의 구분

- **직모** : 동양인의 털
- **구상모** : 흑인의 곱슬머리털
- **파상모** : 백인의 웨이브의 털

5. 털의 색깔

털의 색깔은 표피의 멜라닌 색소들에 의해 생성된 색소의 형태와 양을 결정하는 유전자에 의해 결정된다.

- **흑발** : 멜라닌색소를 많이 함유하고 있다.
- **금발** : 멜라닌 색소의 양이 적고 크기가 작다.
- **은발** : 멜라닌색소를 갖고 있는 털과 무색소 털이 혼합되어 나타난다.
- **적발** : 일반적인 멜라닌이 아닌 철색소(trichosiderin)를 함유하고 있다.
- **백발** : 멜라닌색소를 가지고 있지 않다.

6. 털의 기능

- **보호기능** : 햇빛 등 외부의 물리적, 기계적, 화학적 자극으로부터 피부를 보호한다.
- **지각기능** : 촉각이나 통각을 전달하는 작용을 한다.
- **장식기능** : 외모를 장식하는 미용적 효과를 제공한다.

7. 털의 성장기의 분류

털은 한동안 자라다 잠시 휴지기를 갖게 되며 이때 털주머니 안에 부착되어 남아 있는 시기이다. 후에 새로운 털이 만들어져 밀려 올라오면서 오래된 털은 떨어져 나가게 된다. 즉 털은 일정 기간이 지나면 자연적으로 빠져 나가고 어느 정도의 시기가 되면 다시 새로운 털이 나오게 된다. 이것을 털의 수명이라 하는데 이 기간 동안 털은 성장을 계속하는 생장기, 성장을 멈추는 퇴행기, 털이 빠져나가는 휴지기를 거치게 된다. 털의 성장주기는 신체부위에 따라 다양하며 털의 성장에 영향을 주는 내부적·외부적 요인에 영향을 받는다.

1) 성장기(Anagen)

두발의 성장기는 3~10년이고 눈썹의 성장기는 3~5개월이다. 털의 85~90%가 이 시기에 속한다. 나이가 들어 성장기의 모발수가 줄어들면 머리숱이 감소하게 된다. 그러나 사람의 건강 상태나 연령에 따라 다르다.

2) 쇠퇴기(Catagen)

털의 대사과정이 느려지다가 정지되는 시기이다. 약 3주간 진행되고 전체 털의 1~2%가 이 시기에 해당된다.

3) 휴지기(Telogen)

털이 모낭으로부터 떨어져 나가는 시기이다. 3개월 지속 되고 전체 털의 10~15%가 이 단계에 있다. 휴지기의 후반기에는 모낭이 아래쪽으로 성장하기 시작하면서 재성장을 위한 새로운 성장기가 시작된다.

8. 털의 이상증상

1) 탈모증(Alopecia)

상적 모발도 하루에 100개 정도 빠질 수 있다. 모발이 빠지는 원인이 질병 때문인지 아니면 정상적 범위 내에서 빠지는 것인지 구별하는 것이 중요하다. 여성의 경우 머리카락의 길이 때문에 실제로 빠지는 개수보다 더 많이 빠진다고 생각할 수 있으므로 2~3일간 머리카락이 얼마나 빠지는지 꼼꼼히 체크해서 평균적으로 100개가 넘는지를 따져보아야 한다.

(1) 원형 탈모증

동전 모양의 원형 또는 타원형으로 털이 빠지면서 중앙에서 주위로 퍼져나간다. 원인불명이나 스트레스가 가장 큰 요인으로 생각되며 이외에도 자가 면역, 유전적 소인, 내분비 장애 등이 원인으로 추측된다.

(2) 생리적 탈모

출산 후의 내분비 변화로 산후 2~5개월에 두피 모발이 빠진다. 즉 머리의 앞쪽 1/3부분에서 탈모가 일어나지만 머리 전체에서 나타나기도 한다. 탈모는 약 2~6개월 지속된 후에 정상적인 상태로 회복된다.

(3) 남성 탈모증

초기 증상은 장년남성이 이마가 넓어지기 시작하여 이마 옆 부위가 위쪽으로 더 올라가 M자 모양으로 진행되다 더 진행되면 전형적이 대머리가 된다. 원인은 유전적 소인, 남성호르몬, 환경적 스트레스 및 연령이 관계된다.

(4) 발모벽

비정상적인 버릇으로 모발을 뽑아버리는 정신신경증의 일종으로 주로 머리 앞부분에 잘 생기며 주로 소아기에 발생되지만 성인에서도 발생될 수도 있다.

(5) 압박성 탈모증

만성 질환으로 장기간 똑같은 위치로 누워 있을 때 일정부위가 계속 압박되어 탈모가 생긴다.

(6) 견인성 탈모

머리를 견고하게 묶거나 감아올리게 되면 탈모가 발생한다.

(7) 매독성 탈모증

제 2기 매독의 증상으로 눈썹, 턱수염 머리털에서 나타나며 두피의 탈이 듬성듬성 빠지게 된다.

(8) 지루성 탈모

피지분비가 많은 사람에게 잘 생기며 스트레스에 의해 악화될 수 있다.

(9) 내분비성 탈모

내분비계통의 질환인 갑상선 질환이 있을 때 탈모현상이 생긴다. 즉 갑상선기능 저하증이 되면 털은 거칠고 건조하며 잘 부스러져서 모발이 감소한다. 갑상선기능 항진증이 되면 털은 매우 가늘어 지면서 탈모가 일어나기도 하며 당뇨병이 있을 때도 탈모가 생길 수 있다.

(10) 두부 백선

머리카락에 곰팡이가 감염되어 생기는 피부병으로 애완동물에 붙어있는 곰팡이가 사람에게 감염되어 생긴다. 어린이는 피지가 생성되지 않으므로 곰팡이에 대한 저항력이 떨어져서 쉽게 감염될 수 있다.

2) 다모증과 조모증

(1) 다모증

전신에 털이 증가하는 증상으로 남성보다 여서에게 많이 나타난다. 원인은 유전적 요소, 신경질환이며 이외에 부신 및 난소질환으로 인한 호르몬 이상으로도 추측된다.

(2) 조모증

여성이나 어린이에게 남성과 같은 털의 성장과 분포가 나타나는 증상이다. 원인은 유전으로 인한 남성호르몬과다, 부신 및 난소, 뇌하수체질환으로 인한 호르몬 이상으로 추측된다.

3) 무모증

선천적으로 털이자라지 않는 증상이다. 원인은 역시 유전, 내분비장애로 추측된다.

4) 백모증

나이가 들면서 털의 색이 탈색하는 생리적 현상으로 유전적 소인에 따라 발생시기가 다를 수 있으며 일반적으로 40~60대에 나타나는 멜라닌형성능력 부족현상이다.

④ 손톱, 발톱

손톱, 발톱은 손가락과 발가락의 끝을 보호해 주는 덮개이다. 손톱(발톱)은 손톱바닥으로 불리는 피부 표면위에 놓여있는 손톱판으로 구성된다. 손톱판은 피부의 상피와 연결되어있으며 특수화된 상피세포들로 만들어진다. 손톱판의 기저부의 반달 모양 부위는 가장 활동적으로 성장하는 부위이다. 이 부위에 있는 상피세포들이 재생되면서 새롭게 형성된 세포들은 각질화가 된다. 이 각질화된 부분들은 손톱판의 일부분이 되며 손톱바닥의 위쪽 앞으로 밀어내면서 손톱판은 손톱 바닥의 끝 앞쪽으로 확장해간다(그림 5-6).

1. 손 · 발톱의 구조

손, 발톱 자체인 조체와 조반월은 표피의 각질층이 변한 반투명한 각질판 이다. 손, 발톱의 밑의 피부인 케라틴과 이를 조성하는 아미노산으로 구성되어 있으며,

이외에 지질, 유황, 칼슘, 마그네슘, 구리, 망간, 아연, 철 등의 미네랄과 미량원소들로 구성되어 있다. 수분은 피부에 비해 적은 편이며 손? 발톱의 경도는 함유된 수분의 함량이나 각질의 조성에 따라 좌우된다. 건강한 손톱은 수분을 많이 함유하여 부드럽고 잘 자라며 건강하지 않은 손톱은 건조하고 잘 부스러지기 쉽다.

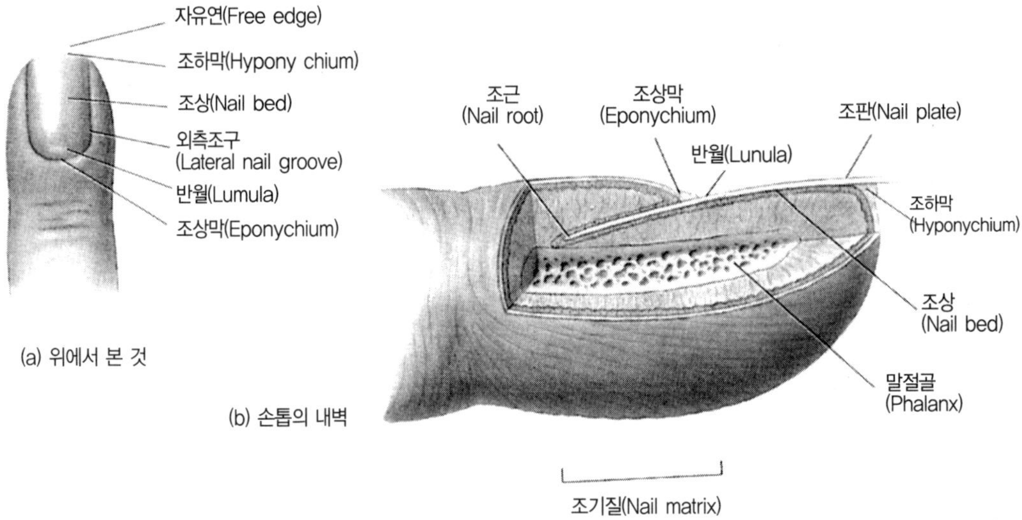

그림 5-6. 손톱의 구조

- **조근(네일루트, Nail root)** : 피부 밑 손 · 발톱의 성장 시작 장소이다. 새로운 세포조직이 형성되므로 매우 부드럽고 얇다. 조근에서 오래되고 경화된 세포들을 밖으로 내보내어 큐티클을 형성한다.
- **반월(루놀라, Lunula)** : 완전히 각질화 되지 않은 조체의 기본이 되는 부분으로 흰색의 반달 모양을 하고 있다.
- **조체(네일바디, Nail body)** : 조판이라고도 한다. 큐티클에서부터 손톱 끝까지 연장되는 손톱 본체를 의미한다. 조체 자체에는 모세혈관이나 신경조직이 없다.
- **자유연(프리에지, Free edge)** : 네일 베드가 끝난 지점부터 손톱 끝부분까지를 지칭한다. 이 부분은 손톱 정리를 할 때 반드시 코너부터 중앙 쪽으로 해야 한다.
- **조상(네일베드, Nail bed)** : 조체의 밑 부분으로 지각신경조직과 모세혈관이 존재하고 모세혈관은 손톱이 핑크색을 띠게 하는 역할을 해준다. 조상 아래에 있

는 표피와 진피는 뼈막에서 표피로 뻗어 있는 콜라겐 섬유에 의해 손가락뼈에 부착되어 손톱의 영양공급과 신진대사의 역할을 한다.

- **조소피(큐티클, Cuticle)** : 손톱의 주위를 덮고 있는 피부를 말한다. 미생물 등 세균의 침입으로부터 손·발톱을 보호한다.
- **조구(네일그루브, Nail grooves)** : 조상 양측면의 움푹 파인 손·발톱의 홈을 의미한다.
- **조벽(네일월, Nail wall)** : 조구를 덮고 있는 양측 피부를 의미한다. 외적 충격이나 압박으로부터 손? 발톱을 보호한다.

2. 손, 발톱의 성장

손·발톱의 성장속도는 개인에 따라 차이가 있지만, 1일 평균 0.1mm로 자라며 완전히 재생되는 데는 4~6개월 걸린다. 노화가 진행되면 성장 속도는 느려진다.

[**건강한 손톱**]

- 조상에 강하게 부착되어 있다.
- 단단하고 탄력이 있으며 둥근 아치를 형성한다.
- 매끄럽고 광택이 나며 반투명한 핑크빛을 띤다.
- 세균에 감염되지 않아야 한다.
- 수분이 약 7~10% 함유되어야 한다.

3. 손, 발톱의 질환

- **손톱 전체 흰색** : 유전 등에 의한 각질화 과정에 이상이 있는 상태이다.
- **손톱의 흰 반점** : 신체 내부 질환이나 중금속 중독 및 손톱이 압박을 받을 때 나타날 수 있다.
- **손톱의 성장 지체** : 인플루엔자나 신경안정제의 장기 복용에 의해 나타날 수 있다.
- **손톱 끝이 갈라지는 경우** : 신진대사의 장애나 노화현상으로 나타날 수 있다.

- **손톱 끝이 구부러지는 형태** : 신진대사의 저해, 철분의 부족, 위나 담낭에 이상 심장이나 폐질환 및 비타민 B12가 부족하면 나타날 수 있다.
- **두꺼운 손톱과 발톱** : 심장질환이나 발의 이상 형태로 나타날 수 있다.
- **줄무늬 손톱과 발톱** : 화학물질이나 석회화가 안 될 때 나타날 수 있다.
- **파고드는 손톱과 발톱** : 손톱이나 발톱을 잘못 잘랐거나 신발의 폭이 좁고 높은 것을 신거나 발의 이상 및 유전적으로도 나타날 수 있다.
- **손톱의 줄무늬 및 변**색 : 멜라닌 생성의 이상, 혈액 순환의 불량, 영양부족, 심장 질환 및 모세혈관의 파괴로 나타날 수 있다.
- **부러지는 손톱** : 비타민의 부족, 신진대사의 저해 및 내장 기관의 장애로 나타날 수 있다.
- **손톱이 층으로 벗겨짐** : 잦은 리무버 및 세제에 사용에 의해 나타날 수 있다.

6 피부의 유형

① 중성피부

② 건성피부

③ 지성피부

④ 복합성 피부

⑤ 민감성 피부

6 피부의 유형

피부는 각 개인이 따라 다른 특유의 상태를 가지고 있지만 그 유형을 일반적으로 분류하면 피부의 유분량과, 수분량 즉 피지선과 한선의 기능에 따라 중성피부, 건성피부, 지성피부, 복합성피부의 4가지 유형으로 크게 분류한다. 이러한 피부유형은 내, 외적요인에 따라 항상 변화할 수 있다. 즉 나이, 기후 같은 외부환경, 식생활이나, 화장품의 사용 및 수면과 같은 생활 습관, 정신적 스트레스 및 신체적 질환 등은 피부상태에 많은 영향을 미친다. 따라서 가장 이상적인 피부는 중성피부로 외관상 피부표면은 매끄럽고 윤기 있으며 탄력 있고, 부드럽고 촉촉한 느낌이 있어야한다. 또한 혈액 순환이 좋아 혈색이 좋고 건강미가 넘쳐야 한다.

피부 관리의 목표는 피부기능이 정상피부상태를 지향하는 것이다. 올바른 피부관리를 하려면 피부유형들의 특성을 파악하고 이에 따라 올바른 관리법을 이해하여 실무에 적용시켜야 한다.

1 중성피부(Normal skin, 정상피부)

피부의 생리적인 기능 및 피부 조직의 상태도 가장 이상적인 피부이다. 20세 이전 피부의 노화가 진행되기 이전의 젊은 연령층에서 중성피부를 흔히 볼 수 있다. 중성피부는 피지선과 한선을 비롯하여 피부의 전반적 기능이 정상적이어서 아름답고 건강한 피부상태이지만 이 상태가 오랫동안 그대로 유지되는 것을 아니고 다른 피부유형으로 변할 수 있으므로 소홀히 하거나 방치하지 말고 꾸준히 손질해야 한다.

1. 중성 피부의 특징

- 피부표면이 윤기 있고 매끄럽다.
- 한선분비기능의 정상으로 피부가 부드럽고 촉촉하다.
- 세안 후 당기거나 번들거리지 않는다.
- 화장이 잘 지워지지 않고 오랫동안 지속된다.
- 피부 결이 섬세하다.
- 모공이 작고 눈에 띄지 않는다.
- 탄력성이 좋다.
- 혈액순환이 잘되어 혈색이 좋다.
- 피부저항력이 있다.
- 색소침착 이나 여드름이 없다.
- 20세 이후에는 피부유형이 다른 피부유형 보다 빨리 바뀌게 된다.

2. 중성피부 관리법

- 매일 규칙적이고 올바른 기초손질을 계속하여 피부의 유분과 수분의 균형을 유지시킨다.
- 피부청결 유지를 위해 올바른 클린싱을 정기적으로 행한다.
- 노화방지를 위해 적당한 마사지나 마스크를 주 1회 정기적으로 행하여 피부를 활성화시킨다.
- 제품의 선택은 계절에 따라서 적절히 조절한다.
- 비타민 A 및 C를 비롯하여 비타민류가 함유된 식품을 충분히 섭취하여 균형 있는 식생활을 한다.
- 피부에 영향을 미치는 외적 환경과 내적 환경에 항상 주의한다.
- 비누 세안을 지나치게 자주 하지 않는다.

② 건성피부(Dry skin)

피부의 건성 상태는 여러 가지 내적, 외적 요인에 의해 나타나는데 즉 건성피부가 되는 원인으로는 생리적인 노화현상, 외부환경, 잘못된 피부 관리습관, 부적절한 화장품, 피부의 보습능력저하 등이 있다. 일반적으로 건성피부는 피지선의 기능저하와 한선 및 보습능력의 저하로 인하여 유분함량과 수분함량이 부족한 피부를 의미한다. 나이가 들어가면서 점차 피지선과 한선의 기능이 자연적으로 저하되어 건성피부가 된다. 또한 유전적으로 피지선을 자극하는 안드로겐호르몬 분비의 부족으로 인하여 피지분비가 원활치 못하여 건성피부가 되는 경우가 있다. 건성피부는 그 원인에 따라 수분결핍 건성피부, 유분 결핍 건성피부, 유분 및 수분 부족 건성피부의 3가지 형태로 구분한다.

1. 건성피부 특징

- 각질층의 수분이 부족하여 각질 생성이 잘된다.
- 피부표면이 항상 건조하며 윤기가 없다.
- 세안 후 피부가 심하게 당기고 조이는 느낌이다.
- 파운데이션이 잘 받지 않고 발라도 들떠버린다.
- 피부가 얇고 외관으로 피부 결이 섬세해 보인다.
- 모공이 작다.
- 잔주름이 쉽게 생기며 피부의 노화현상이 급격히 나타나 늘어짐과 주름살이 일찍 생긴다.
- 크림을 사용했을 때 곧바로 스며들어 버린다.

2. 건성피부의 관리법

- 과도한 자외선, 일광욕, 사우나 등으로 피부의 수분이 증발되지 않도록 한다.
- 세안 시 비누 세안을 피하고 피부에 맞는 클렌징제품을 사용한다.
- 세안은 미지근한 물로 세안하며 세안 후 즉시 기초제품을 바른다.

- 알코올이 함유되지 않은 화장수를 사용한다.
- 물을 충분히 마신다.
- 눈 주의. 목주의 피부에도 보습효과가 있는 크림을 바르고 바디피부는 더욱 건조하기 쉬우므로 로션이나 오일을 바르는 것을 잊지 않는다.
- 세포 재생을 돕기 위해 비타민 A, C 및 비타민 복합제, 단백질 등을 충분히 섭취한다.
- 비타민 A, NMF, 콜라겐 히알루론산 등 보습물질이 함유된 영양농축액과 영양크림류를 바른다.
- 과도한 냉난방은 피부의 수분을 빼앗아가므로 실내의 습도를 적절히 유지하여 피부의 수분증발을 억제한다.
- 혈액순환과 피부의 신진대사를 활발하게 하기 위해 1주에 1~2회 영양마사지와 마스크를 실시한다.
- 계절에 따라 피부의 건조상태를 파악하고 적당하게 제품을 바꿔준다.

③ 지성피부(Oily skin)

피지선과 한선의 기능의 증가로 인한 문제성 피부로 발달하기 쉽다. 즉 피지선으로부터 과다한 피지가 모공 속에 축척되어 여드름의 유발 원인이 된다. 피지막의 피지는 표피가 산성균형을 유지할 수 있도록 해주며 표피로부터의 과도한 수분증발을 억제해 주어 피부가 적절한 보습상태를 유지할 수 있도록 해준다. 이때 피지선의 기능이 비정상적으로 항진되면 피지가 과다 분비되는데 이러한 피부를 지성피부 또는 지루성피부라고도 한다. 피지가 과다 분비되는 근본적인 원인은 유전적인 소인으로 남성호르몬의 과잉분비로 피지선을 자극하는데 있다. 이외에 스트레스로 인한 호르몬의 증가, 황체호르몬의 증가, 갑상선호르몬의 불균형, 고온다습한 기후, 오염된 공기, 위장장애, 변비 등이 작용할 수 있다. 지성피부는 증가된 피지가 세균에 감염될 경우 모낭에서 떨어진 세포들과 섞여 모공통로를 막아 여드름이 발생될 수 있다. 이때 피지막의 pH는 알칼리화 되어 외부세균에 대한 보호막 기능이 상실된다.

1. 유성 지루 피부의 특징

- 피부결의 형태가 크고 불규칙하다.
- 피부의 번질거림이 심하다.
- 머리에도 기름기가 흐르며 비듬이 많아지고 귀에도 귀지가 많이 생긴다.
- 피부가 두껍게 보인다.
- 피부가 탁해 보인다.
- 화장이 잘 받지 않으며 잘 지워진다.
- 여성에 비해 남성에게 많다.
- 햇빛에 의한 색소침착현상이 빠르다.
- 면포 등 여드름 발진현상을 일으킬 수 있다.

2. 건성 지루 피부의 특징

- 피부가 두껍게 보인다.
- 피부표면이 건조하고 각질이 일어난다.
- 화장이 잘 받지 않는다.
- 혈액순환장애로 피부색이 창백하다.
- 유성 지루성피부에 비해 예민하고 자극받기 쉬워 쉽게 붉어진다.
- 유성 지루성피부에 비해 여드름발생의 위험성이 더욱 크다.
- 여드름이 발생하면 치유하는데 시일이 걸린다.
- 표피성 잔주름이 쉽게 나타난다.

3. 지성피부 관리법

- 규칙적인 생활습관을 갖는다.
- 지방과 단당류는 피지분비를 촉진시키므로 섭취를 억제한다.
- 커피, 알코올 및 흡연 섭취를 피한다.
- 비타민 A, 비타민 B군(VB, B, B 등)이 함유된 식품은 여드름이나 부스럼을 예

방하는 효과가 있다.
- 피부청결에 중점을 두어 클렌징은 약산성 세안제를 사용한다.
- 소염, 진정, 모공수축작용을 겸비한 화장수를 사용한다.
- 주기적인 각질 제거는 여드름 발생을 예방한다.
- 오일사용이나 유분이 많이 함유된 크림의 사용을 피한다.

- 메이크업은 오일이 함유되지 않은 (oil free)파운데이션이나 파우더만을 사용한다.

④ 복합성 피부(Combination skin)

복합성 피부란 다른 피부유형이 두 가지 이상 나타나는 피부유형을 말한다. 유분이나 수분의 불균형이나, 잘못된 피부 관리, 계절 변화 및 바르지 못한 식습관에 의해 발생될 수 있다. 즉 지성이나 중, 건성피부가 피부유형이 변화되어 나타난다. 복합피부형태의 T-zone 부위는 지성피부 또는 여드름피부인데 비해 눈 주위, 광대뼈, 빰 부위는 급격한 수분부족현상으로 건성화 되고 예민화 되기까지 하는 피부이다.

1. 복합성 피부의 특징

- 계절에 따라 피부 변화가 심하다.
- 이마와 코등(T-zone부위)은 모공이 확대된다.
- T-zone을 제외한 부위, 즉 눈 주위, 광대뼈, 볼 주위에 세안 후 심하게 당기는 느낌을 받는다.
- T-zone부위에 여드름이 발생하기 쉽다.
- 광대뼈, 볼 부위에 색소 침착이 나타나는 경우가 많다.
- 피부조직이 전체적으로 일정하지 않다.
- 눈 주위 잔주름이 쉽게 생긴다.

2. 복합성 피부의 관리법

- 부위에 따라 차별적인 관리를 해야 한다.
- 화장수로 충분한 수분 공급을 한다.
- 보습력이 강한 로션을 사용한다.
- 양볼과 턱은 영양크림을 사용한다.
- 팩, 마스크류도 부위별 피부상태에 맞추어 다르게 적용한다.
- 예민화된 부위는 예민성 피부와 동일하게 관리를 한다.
- 계절적 변화에 철저하게 대응한다.

⑤ 민감성피부(Sensitive skin)

민감성 피부는 심리적, 정신적인 것과 매우 관계가 깊다. 민감성 피부는 정상적인 피부보다 생리기능 조절 능력이나 면역 능력이 떨어져있으므로 사소한 자극에도 반응을 하게 된다. 또한 선천적으로 피부가 약하거나 내부 및 외부의 환경에 의해 피부 조직에 이상이 생겨 발생할 수도 있고, 가공식품의 과다 섭취나, 급격한 온도변화, 잘못된 세안법등에 의해 민감 피부로 될 수 있다.

1. 민감성 피부의 특징

- 조그만 자극에도 예민하게 반응한다.
- 피부가 약해 자외선에 의해서도 예민하게 반응한다.
- 세안 후 심하게 당긴다.
- 홍반이 일어난 부위는 쉽게 색소 침착이 된다.

2. 민감성 피부의 관리법

- 무향, 무알코올 제품을 사용한다.
- 피부 진정효과가 있는 제품을 사용한다.
- 각질제거제 사용을 금한다.
- 얼굴에 브러쉬나, 타올로 문지르는 것을 금한다.

7 피부와 영양

1 탄수화물

2 지질

3 단백질

4 무기질

5 비타민

6 수분

7 피부와 영양

인간이 살아가는데 식품, 물 및 산소는 생명 유지에 꼭 필요한 물질이다. 식은 모든 세포를 만들고 유지하는데 필요한 물질과 에너지를 공급한다. 생명체의 성장, 발달 및 유지에 필수적인 영양소의 급원이 식품이다. 필수 영양소란 섭취하지 못하였을 때 신경장애가 나타날 수 있는 영양소로 영양장애가 오기 전에 다시 공급해 주면 잃어버린 건강과 정상적인 체내 기능을 되찾을 수 있다. 식품에 함유되어 있는 영양소는 여섯 종류로 나눌 수 있다. 에너지 생성 영양소로는 탄수화물, 지질 및 단백질 과 조절영양소인 비타민, 무기질 및 물이다. 바람직한 영양 상태는 영양소가 체조직의 정상적인 대사과정을 도와주고 약간은 저장되어 있는 상태이다. 영양이 부족하게 되면 체내 영양소 저장이 감소되고 대사과정이 느려지게 된다. 즉, 소장의 상피세포, 적혈구 및 피부 세포 재생이 느려져 건강하지 못한 상태가 나타나게 된다. 영양부족 상태가 지속되면 피부, 머리카락, 손톱, 혀 및 입 등에 임상증상이 나타난다. 영양과잉 상태가 되면 비만증이 되고 이에 따라 합병증으로 만성 질환을 초래할 수 있다. 또한 과잉의 철을 섭취하게 되면 간 손상을 초래하며, 과잉의 비타민 A 및 기타 여러 영양소들도 영양별 각 조직에 손상 및 병변을 유발한다.

이장에서는 건강한 신체를 유지하기위해 필요한 6종류의 영양소 및 1일 한국인 영양권장량에 따른 섭취량을 알아보고자 한다.

[건강한 식생활을 위한 기본지침서]

- **식품의 다양성** : 한 가지 식품으로 모든 영양소를 충족시킬 수 없으므로 다양한 식품 섭취를 통해 필요한 영양소를 골고루 공급받는다.
- **적절한 양 섭취** : 모든 영양소를 필요한 만큼 골고루 섭취한다.
- **균형 잡힌 식사** : 매일 5가지 기초 식품군을 골고루 섭취한다.

1 탄수화물

자연계에 가장 많이 있는 유기물이며 식물의 엽록소에서 광합성으로 포도당을 합성한 후 녹말과 섬유소의 형태로 존재하며, 동물에는 글리코겐 형태로 들어 있다. 탄수화물은 에너지 공급원으로 매우 중요하며 소화도 쉽고 체내 독성물질을 만드는 일도 드물다. 단순 탄수화물은 단당류와 이당류가 있고, 복합탄수화물은 녹말, 글리코겐 및 식이섬유가 있다. 탄수화물은 우리가 섭취하는 영양소 중 소화흡수율이 가장 좋으며 비교적 싼 값으로 구입할 수 있고 오랜 기간 저장이 간편하고 전체 열량의 60~65%를 권장하고 있다.

1. 탄수화물의 분류

단순 탄수화물에는 단당류와 이당류가 여기에 속하고, 복합 탄수화물에는 전분, 글리코겐 및 식이섬유가 여기에 속한다.

1) 단당류

포도당은 체내 당 대사의 중심 물질로 생체계에 가장 기본적인 에너지 급원이다.

- **포도당** : 광합성으로 생성되며 전분을 구성하고 있는 당분으로는 과일과 곡류에 들어있다. 사람의 혈액 중에는 0.1% 정도 들어 있으며 특히 포도에 많이 들어있다.
- **과당** : 주로 과일과 꿀에 많이 들어 있으며 천연 탄수화물 중 가장 단맛이 강하다.
- **갈락토즈** : 뇌 및 신경의 구성분이며 우유와 유제품에 들어있다.

2) 이당류

단당류가 2개 이상 결합되어 만들어진 당류이다.

- **자당** : 포도당과 과당이 결합한 형태로 사탕수수나, 사탕무에 많다.
- **맥아당** : 포도당 2분자가 결합한 형태로 곡류의 배아에 많다.
- **유당** : 포도당과 갈락토즈가 결합한 것으로 동물성 우유에만 들어있다.

[젖먹이 영아에게 유당이 중요한 이유]

- 소화 흡수가 잘되는 중요한 열량 공급원이다.
- 뇌, 신경 구성분인 당지질을 구성하여 두뇌 발달에 도움이 된다.
- 젖산균에 의해 젖산균 번식을 촉진시켜 정장작용을 한다.
- 칼슘 흡수를 촉진 시켜 골격발달에 도움이 된다.

3) 다당류

단당류인 포도당이 수십 이상 수백, 수천 분자가 결합된 에너지의 저장 형태이거나 식물의 구조를 형성하는 물질이다.

- **전분** : 포도당의 저장 형태로 주요 열량 공급원이며 서로 구조가 다른 아밀로즈와 아밀로펙틴으로 구성되어 있다. 아밀로펙틴은 점성이 강한 찹쌀, 찰옥수수 전분에 많이 들어 있다. 전분을 물에 붓고 끓이면 호화가 된다.
- **글리코겐** : 동물의 간이나 근육에 저장되는 전분의 형태로 아밀로펙틴과 비슷하다.
- **섬유소** : 인체 내에서 소화되지 않기 때문에 열량은 거의 없다. 그러나 장의 운동을 촉진시켜 변비를 예방하고 유산균의 번식을 촉진 시켜 정장작용을 하며 비타민 B군의 합성을 촉진하여 직장암과 대장암의 예방 효과가 있으며, 콜레스테롤의 수치를 낮추어 고지혈증 및 동맥경화의 예방과 치료 효과가 있다.
- **펙틴** : 식물의 세포벽에 존재하며 산과 당을 가하여 끓이면 젤리가 된다. 펙틴은 수분을 흡수하여 설사를 예방한다.

[식이섬유가 많은 식품]

- **곡류** : 현미, 보리, 옥수수가루, 오트밀, 콘후레이크, 통밀, 고구마, 감자, 토란 등

- **두류** : 대두, 팥, 강낭콩, 완두콩, 녹두, 된장 등
- **견과류** : 밤, 호두, 은행, 참깨, 땅콩, 아몬드, 해바라기씨 등
- **채소류** : 배추, 무청, 양배추, 파, 오이, 미나리, 상추, 부추, 풋고추, 당근, 샐러리, 호박, 도라지, 고사리, 고비, 버섯 등
- **해조류** : 김, 미역, 미역 줄기, 다시마, 파래, 톳 등
- **과일류** : 사과, 배, 수박, 참외, 자두, 살구, 딸기, 다래, 무화과 등
- **우유 및 유제품** : 우유, 가당우유, 아이스크림, 요구르트 등
- **기타** : 식혜, 미수가루

2. 당질의 기능

- **에너지의 급원** : 당질 1g 4kcal를 공급하며 소화흡수율은 98% 수준 이다.
- **단백질 절약작용** : 단백질의 구성소와 조절의 역할을 하도록 당질에서 에너지 공급한다.
- **혈당유지** : 혈당을 항상 0.1%로 유지한다.
- **지방대사에 관여** : 지방 연소를 돕는 필수 영양소로 지방이 불완전 연소에 의한 산독증을 예방한다.
- **장의 부피를 늘여 변비 예방 한다.**
- **단맛을 제공하여 피로회복을 촉진 시킨다.**
- **식이 섬유를 공급하여 여러 가지 질환을 예방해준다.**

3. 당질 섭취부족

- 허약, 피로 및 탈수증상이 나타난다.
- 심하게 결핍 되는 경우 체조직의 단백질이 에너지원으로 이용되어 피부는 탄력을 잃고 주름을 만들게 된다.

4. 당질 과잉섭취

- 피지분비량이 많아져 여드름과 같은 문제가 발생한다.
- 비타민 B_1의 소비 증가 → 결핍증을 초래한다.

② 지질

지질은 물에 녹지 않고 유기 용매에 녹으며 당질로부터 합성되기도 한다. 지질은 고체인 지방과 액체인 기름을 포함한다. 지질은 단순지질, 복합지질 및 유도지질이 있으며 지질은 당질, 단백질과 같이 주요생체 구성분 및 영양상 중요한 물질이다.

1. 지질의 분류

1) 지방산

지방산은 우리 몸과 식품에 있는 지방의 구성분이다. 지방산은 포화 정도에 따라 포화지방산과 불포화 지방산으로 분류된다.

- **불포화지방산** : 이중 결합의 수에 따라 단일 불포화 지방산과 다가 불포화 지방산으로 나뉜다.
- **단일 불포화 지방산** : 이중결합을 1개를 갖고 있는 지방산
- **다가 불포화 지방산** : 이중결합을 2개 이상 갖고 있는 지방산
- **포화지방산** : 이중결합이 없는 지방산

2) 중성지질

식품이나 생체의 지방산 95%가 중성 지질의 형태로 존재한다.

3) 복합지질

· **인지질** : 인산과 결합된 지질로 물과 기름을 섞는 유화작용이 있다(그림 7-1). 인지질은 주로 동물의 조직, 난황 및 대두에 많다.

· **당지질** : 당과 결합된 지질로 동물의 뇌, 신경 및 비장 등에서 볼 수 있다.

· **지단백** : 지방질과 단백질의 복합체이다.

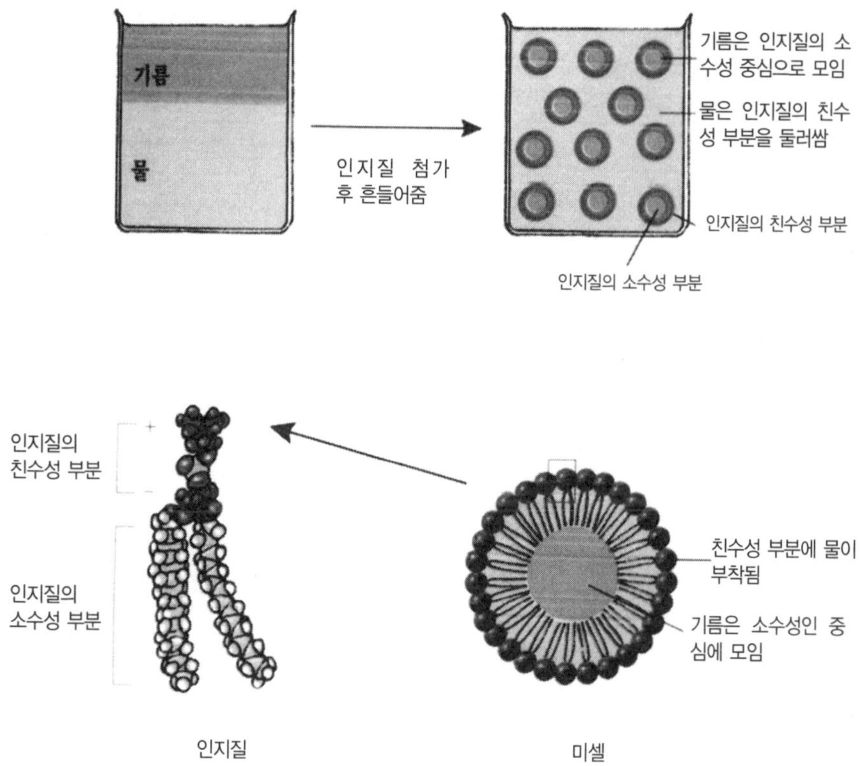

그림 7-1. 인지질과 유화작용

4) 스테로이드

· **콜레스테롤** : 동물 조직에서 널리 발견되며, 사람은 식품 섭취를 통한 양보다 체내에서 합성되는 양이 더 많다(그림 7-2).

[혈청 지단백질의 종류와 특징]

- **카이로미크론** : 식이의 중성지질을 운반하는 지단백질로 중성지질이 풍부하여 밀도가 가장 낮다. 주로 소장에서 만들어진다.
- **VLDL** : 간에서 합성된 중성지질을 조직으로 운반하는 지단백질이다. 주로 간에서 만들어진다. 밀도가 2번째로 낮다.
- **LDL** : 콜레스테롤 에스테르가 가장 많은 지단백질이다. HDL 로부터 콜레스테롤 에스테르를 받아서 조직으로 운반한다. 혈액 내에서 전환된다.
- **HDL** : 조직에서 간으로 콜레스테롤을 운반하는 항동맥 경화성 지단백질이다. 간에서 주로 생성된다.

2. 지질의 기능

- **농축된 에너지 급원** : 1g당 9kcal의 에너지 생산
- **세포막 주요 구성성분**
- **필수지방산의 공급원** : 필수 지방산은 성장증진, 피부의 정상적 기능 및 생식기능의 정상적인 발달에 중요한 역할을 한다.
- **적당량의 피지를 분비 피부에 윤기와 탄력 유지**
- **체내 지용성비타민 운반** : 지용성 비타민 흡수를 촉진한다.
- **호르몬과 담즙의 생산촉진** : 콜레스테롤은 스테로이드계 호르몬의 전구체 이며, 담즙산도 콜레스테롤에서 합성된다.
- **체조직 구성의 필수성분**
- **피부를 구성 성분으로 피부보호**
- **단열제로서 작용**
- **생체기관의 보호**
- **배변을 돕는다.**
- **식품의 맛을 향상시킨다.**

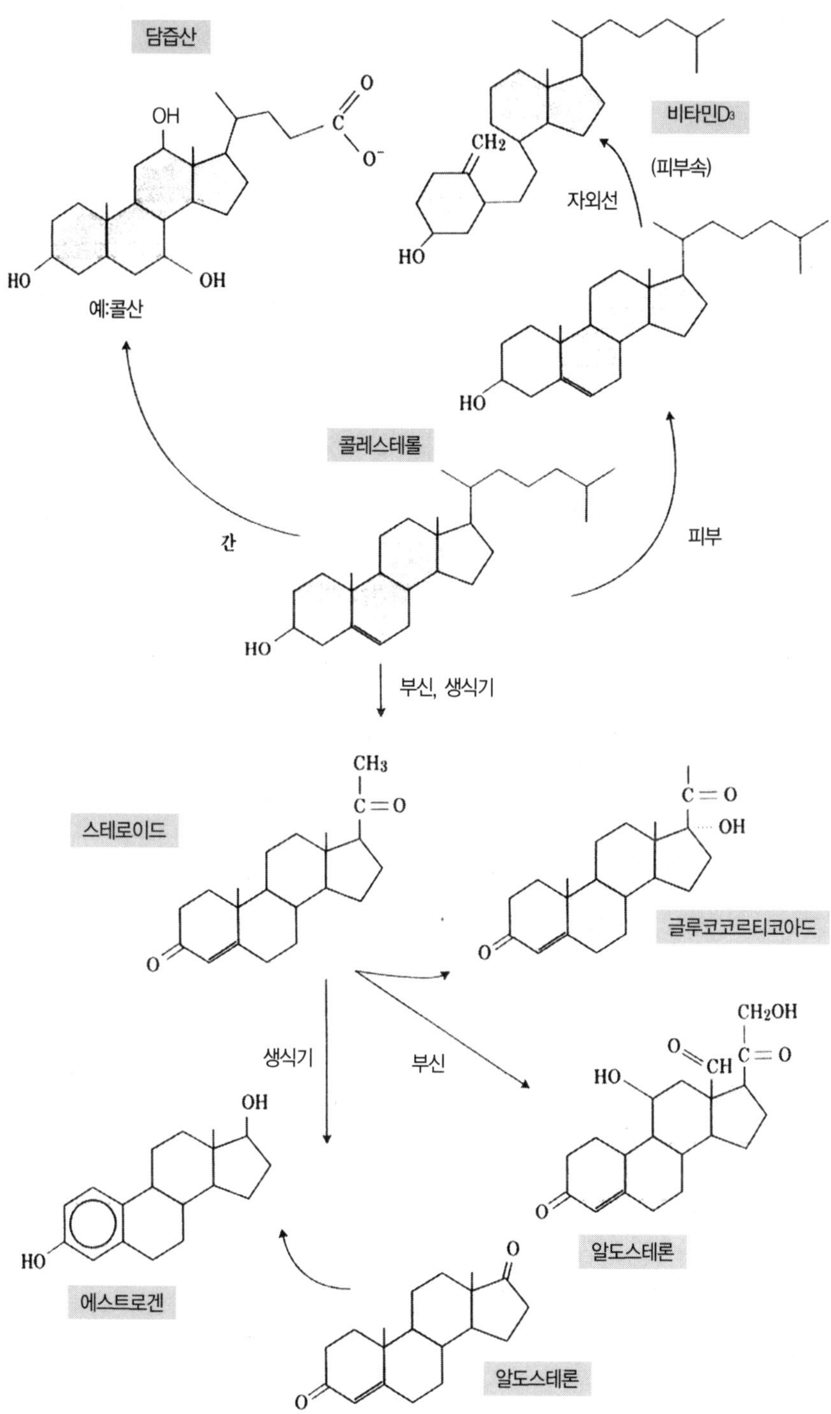

그림 7-2. 콜레스테롤을 전구체로하는 생체내 물질들

3. 지질의 과잉섭취

피비의 분비량이 많아져 여드름 생성 및 화장도 잘 받지 않는다.
비만유발 → 동맥경화와 고혈압 원인이 된다.

- **지방간** : 지방이 간에 축적이 되어 지방간 이 더 진행하면 간경화가 발생한다.
- **고지혈증** : 혈청 중 콜레스테롤이나 중성지질이 정상치 이상으로 증가한다.
- **암** : 지질 과잉섭취하면 유방암, 결장암의 발병요인으로 알려져 있다.

4. 지질의 섭취 부족

- **피지의 분비량 감소** → 피부는 거칠어지고 피부의 보호능력감소 → 트러블이 생기기 쉬워진다.

[화장품에 이용되는 지질의 특성]
- 피부 및 모발에 유연성과 윤기를 부여
- 용매효과에 의한 피부표면을 청결하게 유지
- 피부표면에서의 마찰효과
- 피부표면에 소수성 피막을 형성하여 보습효과와 외부의 유해물질의 침입방지
- 추울 때 피부표면으로부터 수분증발 억제
- 자외선 흡수제, 비타민류 및 색소 등 특수성분의 용매로 작용

③ 단백질

단백질은 동식물 조직에 있는 모든 세포의 구조적, 기능적 특성을 위해서 필수적 영양소이며 살아있는 조직은 각각의 조직에 따라 양과 특성이 다른 단백질을 함유하고 있다. 피부, 머리카락, 손톱 등은 케라틴(keratin)이라는 단백질을 함유하며 근육과 조직, 효소와 호르몬 및 면역체계를 형성하는 주성분이다.

1. 아미노산

아미노산의 구조는 그림 7-3에서 보는 기본 구조인 R기의 종류에 따라 20가지의 아미노산이 있는데 성인의 필수 아미노산은 tryptophan, phenylalanine, isoleucine, methionine leucine, threonine, lysine, valine 등 총 8종이며 유아의 필수 아미노산은 성인의 필수 아미노산 8종과 histidine 및 arginine을 포함한 10종이다.

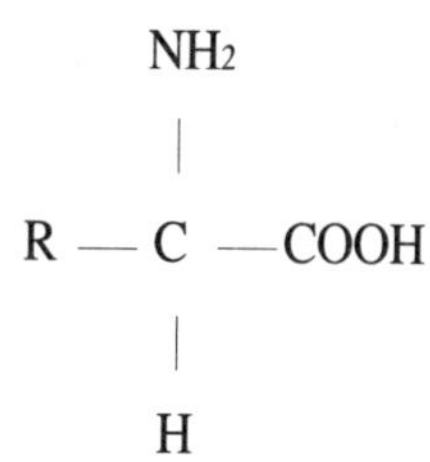

그림 7-3. 아미노산 구조

1) 필수 아미노산

tryptophan, phenylalanine, isoleucine, methionine, luecine, lysine, valine histidine (유아의 필수 아미노산),arginine (유아의 필수 아미노산)

2) 비 필수 아미노산

alanine, asparagine, aspartic acid, cysteine, glutamic acid , glutamine, proline, seine, tyrosine

2. 단백질의 분류

1) 영양적 분류

(1) 완전 단백질

동물이 정상적으로 성장할 수 있도록 모든 필수 아미노산이 충분히 함유되어 있어서 생리적 기능을 원활히 유지할 수 있는 단백질이며 젤라틴을 제외한 모든 동물성 단백질로 우유의 카제인(casein) 과 락토알부민(lactoalbumin) 및 콩의 글리이시닌(glycinine)등 이 이에 속한다.

(2) 부분적 불완전 단백질

동물의 성장을 돕지는 못하지만 생명을 유지시킬 수 있는 단백질로 필수아미노산이 몇 가지가 부족한데 이를 제한아미노산이라 한다. 밀의 글리아딘(gliadin)과 보리의 호르데인 (hordein) 등이 이에 속한다. 이들 식품을 섭취할 때 제한 아미노산이 많이 함유된 다른 식품과 함께 섭취하면 아미노산을 보강할 수 있다.

(3) 불완전 단백질

동물의 성장도 지연시키고 체중이 감소되어 몸이 쇠약해 지는 단백질이다. 대표적인 불완전 단백질은 젤라틴(gelatin)과 옥수수의 제인(zein) 등이 있다.

2) 화학적 분류

(1) 단순단백질

단백질을 가수분해하였을 때아미노산만 외에 다른 화학 성분을 함유하지 않은 단백질을 말한다.

(2) 복합단백질

복합단백질은 아미노산 외에 몇 가지 화학성분을 함유하는 단백질로서 비아미노산 부분을 보결기라 하는데, 보결기는 단백질의 생물학적 기능에 중요한 역할을 한다.

[복합 단백질의 분류]

- **지단백질** : 카이로미크론, VLDL, LDL, HDL
- **당단백질** : 소장 점액 중의 뮤신, 점액 단백질, 혈중 면역글로불린G 등 즉 동식물세포, 점성분비물에 들어 있다.
- **인단백질** : 우유의 카제인
- **헴단백질** : 혈 중 헤모글로빈
- **플라빈 단백질** : 숙신산 탈수소효소
- **금속단백질** : ferritin(비장), hemocyanin(연체동물의 혈액), inslin(췌장)

3) 기능에 의한 분류

- **구조 단백질** : 결합조직의 콜라겐(collagen)과 엘라스틴(elastin)등이 이에 속한다.
- **수송 단백질** : 산소를 운반하는 헤모글로빈 등이 이에 속한다.
- **저장 단백질** : 간에 철을 저장하는 페리틴(ferritin) 등이 이에 속한다.
- **방어 단백질** : 혈청중의 항체로 면역 γ- 글로불린 등이 이에 속한다.
- **촉매 단백질** : 생체 내 대사에 관여하는 각종의 효소들이 이에 속한다.
- **운동성 단백질** : 근육 섬유 조직의 액틴(actin)과 미오신(mosin) 등이 이에 속한다.

3. 단백질의 구조

단백질은 20개 아미노산으로 구성되므로 상당히 많은 수의 단백질이 식품 내에 존재한다. 단백질의 구조는 1차, 2차, 3차 구조 등으로 나누어진다.

- **1차 구조** : 단백질 내에서 펩티드 결합으로 이루어진 아미노산 배열이다(그림 7-4).
- **2차 구조** : 아미노산들의 -S-S- 이황화 결합에 의해 형성된다. 이웃하는 아미노산 사이의 상호작용, 꼬임, 회전에 따라 α 헬릭스, β 시트가 있다(그림 7-5).
- **3차와 4차 구조** : 단백질 구조를 안정화시키기 위해 비공유 결합들로 구성된 3차원적인 입체구조이다. 3차구조가 둘 이상 폴리펩티드가 상호 작용하여 4차 구조를 이루기도 한다(그림 7-6).

4. 단백질의 생리적 기능

- **신체의 체구성분**: 골격, 혈액, 피부 등을 구성한다.
- **체액의 중성을 유지, 산염기 평형을 유지한다.**
- **효소, 호르몬, 항체의 구성성분으로 생리기능을 조절한다.**
- **열량원** : 위의 기능을 위해 열량원으로 쓰기에는 비효율적이다. 단백질 절약작용 : 열량원으로 당질과 지질을 사용하는 것
- **수분 평형의 유지**: 혈장 단백질의 농도가 감소하면 부종이 발생한다. 즉 단백

질은 열량소, 구성소, 조절소의 역할을 모두 하는 중요한 영양소이다.

· **새로운 조직의 합성과 보수**

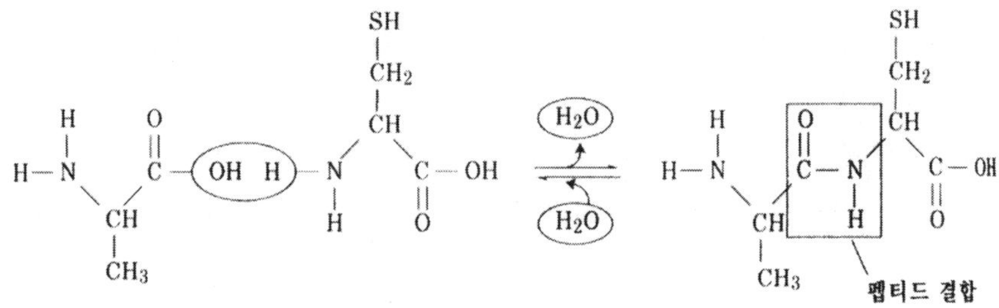

그림 7-4. 단백질의 1차 구조(펩티드 결합)

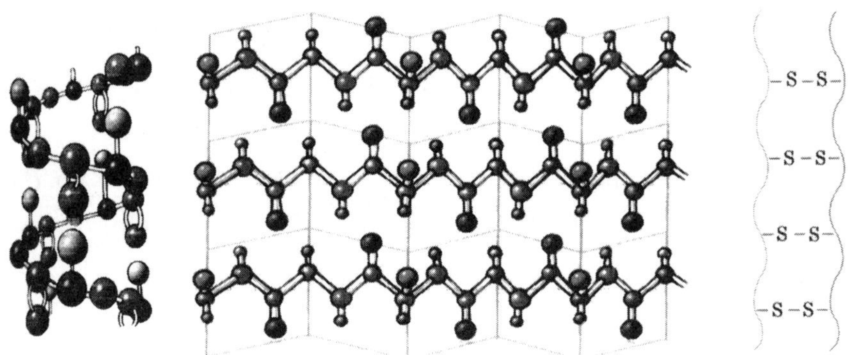

그림 7-5. α-헬릭스, β-시트, 이황화 결합

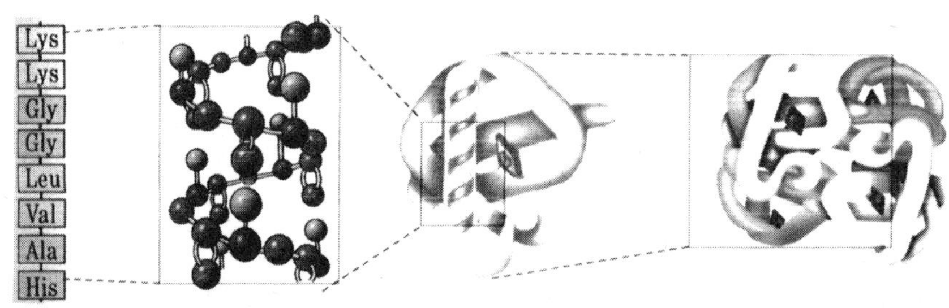

그림 7-6. 단백질의 입체구조

5. 단백질 결핍증

단백질이 결핍되면 성장이 저해되고 쉽게 질병에 걸리며 영양불량에 의한 부종, 빈혈, 피로감 항진, 기초대사의 저하, 피부색소의 침착, 지방간 등이 생긴다. 특히 이유기이후에 단백질 결핍에 의한 콰시오커(kwashiokor)증세는 머리털이 붉은 빛으로 탈색되고, 지방간에 의하여 복부가 나오고 하지에 심한 부종이 생기면서 저항력이 떨어진다. 단백질뿐 만이 아니라 에너지가 동시에 부족한 경우에 발생하는 마라스무스(marasmus)는 신체가 지나치게 소모되어 뼈와 가죽만 남고 체온이 떨어지면서 탈수상태가 되어 설사와 소화기 감염으로 쉽게 사망한다.

· **증상** : 체중감소, 쉽게피로함, 신경질적임 및 성장이 느려진다. 부종, 저혈압증, 빈혈증 피부의 색소변화, 성욕감퇴, 유즙분비 감소 등이 나타난다.

6. 단백질 과잉 섭취

단백질을 과잉 섭취하면 다른 영양소와 달리 체온이 상승하고, 체중이 증가하며, 혈압상승, 피로의 증가 및 요독증 증세와 변비의 우려가 있다.

④ 무기질

무기질은 체조직의 구성과 생리기능의 조절작용이 있다. 무기질은 식품을 태우고 남은 재(ash)의 성분으로 에너지는 내지 모하며 화합물이 아니라 단일의 화학원소로 되어 있다. 무기질 중 칼슘과 인은 특히 우유에 많은데 모유에 비하여 3배, 6배나 되어서 이는 영아의 신장에 부담을 준다.

1. 칼슘(calcium, Ca)

· **기능** : 골격과 치아 형성, 피부의 진정작용과 신경 흥분을 진정, 심신의 긴장 완

화, 혈압과 혈액의 pH 조절

- **칼슘의 보충** : 신체의 저항력 감소, 신경기능 이상 ? 과민성 피부로 변화 ? 약한 자극에도 피부 모세혈관의 수축, 이완으로 쉽게 피로 유발, 골다공증

2. 인(phosphorus, P)

- **기능** : 어린이 성장 촉진, 관절염 통증 완화, 건강한 치아 유지, 지방대사 촉진 에너지와 활력 증진
- **인 부족증** : 구루병

3. 마그네슘(magnesium, Mg)

- **기능** : 심장발작 예방, 담석예방
- **과잉증** : 탈수
- **결핍증** : 식욕부진, 신경성 근육경련

4. 나트륨(Na)

- **기능** : 나트륨은 세포의 외액에 가장 많이 존재하는 양이온으로 체액의 산, 알칼리 평형과 삼투압 조절에 관여하며, 근육의 수축 및 신경의 자극 전달에도 관여한다.
- **결핍증** : 저혈압, 두통, 근육경련
- **과잉증** : 고혈압, 부종

[나트륨 섭취를 제한하여야 할 질병]

고혈압, 급, 만성 울혈성 심부전 질환, 만성 간 부전에 의한 부종, 부종과 복수, 급, 만성 신부전 질환, 임신 중독중

5. 칼륨(K)

• **기능** : 칼륨은 세포 내액의 중요한 양이온으로 나트륨의 작용에 길항적으로 작용하여 혈압을 저하시키는 작용이 있으며, pH는 및 삼투압의 조절에 관여한다. 식사 중 칼륨과 나트륨의 비는 1:1 정도가 이상적이다.

6. 철분(Fe)

• **기능** : 철분은 적혈구의 형성과 필수적이며 신생아는 간장 내 100mg 정도의 철분을 보유하고 태어나는데 생후 6개월간 유즙 중 부족한 철분을 보충하며 6개월 이후에는 이유식을 통하여 공급하여야 한다. 육류, 간, 어패류, 등에 철분이 많으며 비타민 C는 철분의 흡수를 돕는다. 철분의 결핍은 빈혈을 초래한다.

[빈혈(anemia)이란?]
정상적인 건강인보다 단위 체적 내에 적혈구의 크기와 수 또는 적혈구가 운반하는 헤모글로빈의 양이 감소되어 있는 현상으로 기력이 점차 감퇴되고, 피부가 창백해지며 잦은 호흡을 하고 식욕과 의욕이 상실된다. 특히 아직 성장기이면ㅅ 월경을 통하여 철분의 손실이 있는 사춘기 소녀와 임신부 및 영아들은 빈혈에 취약한 그룹이다.

7. 구리(Cu)

• **기능** : 구리는 헤모글로빈을 형성할 때 관여하는 조혈을 촉진하는 인자이다. 동물의 내장, 어패류, 견과류 및 전 곡류에 많이 함유되어 있다.

8. 요오드(I)

• **기능** : 신체에 기초대사를 조절하는 갑상선 호르몬의 구성분으로 성장기에 꼭

필요하다. 태아기부터 결핍되면 크레티니즘(creinism) 으로 육체적, 정신적 성장이 지연된다. 요오드는 김, 미역, 다시마 등 해조류에 많이 들어 있다.

9. 불소(F)

· **기 능** : 인체의 골격과 치아 중에 불화칼슘(CaF)으로 존재하면서 골다공증이나 충치로부터 보호해준다. 음료수 중에 약 1ppm 정도면 적당한데 4ppm 이상이 되면 오히려 치아에 반점이 생기는 반상치가 된다.

5 비타민

현재까지 알려져 있는 비타민은 총 13종으로 당질, 단백질, 지방질에 비하여 그 화학구조가 복잡하고, 자연식품에 극히 소량 함유되어 있으나, 생리기능이 다양하고 결핍되면 그 임상증상도 매우 다양하다.

1. 비타민(vitamin)의 일반적 성질

· **지용성 비타민** : 지방과 유지 용매에 용해, 물에 불용, 지방과 함께 이동되고 림프계를 통하여 이동한다. 담즙을 통하여 체외로 천천히 방출된다. 간 또는 지방 조직에 저장한다. 필요량을 매일 공급할 필요는 없다.

· **수용성 비타민** : 물에 용해, 지방에 불용이며 당질, 아미노산과 함께 소화 흡수되어 문맥순환으로 요를 통하여 빠르게 방출한다. 일정량 흡수하고 초과량을 배설한다. 필요량 매일 공급해야한다.

2. 지용성비타민

1) 비타민 A

(1) 피부에서의 비타민 A의 기능

- 상피조직을 정상적으로 유지 및 성장 촉직
- 피부세포의 재생과 상처 치료
- 소화관, 호흡기관, 침샘 등 점막을 강화하여 알레르기를 방지
- 세균, 공기오염에 대한 저항력 증가
- 세포막을 성장시키고 보완
- 눈, 피부, 모발, 치아의 성장과 점막 유지
- 독소의 해소
- 땀, 지방분비 촉진

(2) 피부에서의 비타민 A의 결핍증

- 각질이 두꺼워지고, 신진대사 저하, 분비기능이 떨어져 피지분비 감소
- 피부가 건조해지고 저항력이 떨어져 균의 침입을 받아 건조성 여드름 발생
- 성장불량, 야맹증, 피부 건조증, 각화증, 안구 건조증
- 손톱 ? 털의 약화, 잔주름, 전염병에 대한 저항력 감퇴

(3) 피부에서의 비타민 A의 과잉증

- 탈모, 매스꺼움, 구토 및 설사
- 피부가 비늘처럼 벗겨짐
- 홍반, 무기력증, 두통, 뼈의 통증, 간의 비대

2) 비타민 D(calciferol)

(1) 피부에서의 비타민D의 기능

- 골격과 치아 형성에 필요
- Ca의 흡수 촉진
- 혈중 Ca 농도 유지

(2) 피부에서의 비타민 D의 결핍증

- 골연화증
- 골다공증

(3) 피부에서의 비타민 D의 과잉증

- 피부의 가려움증, 탈모, 삼한 갈증, 눈 부위 염증
- 골격의 석회화, 근육약화, 관절통증, 체중감소
- 신장결석, 두통, 구역질 및 설사

3) 비타민 E(tocopherol)

(1) 피부에서의 비타민 E의 기능

- 세포의 호흡 촉진
- 혈액순환 촉진
- 젊음 유지
- 피로회복과 지구력 향상
- 오염물질, 과산화물, 유해산소로부터 세포와 조직보호
- 상처에 흉터로부터 보호
- 색소침착 예방

(2) 피부에서의 비타민 E의 결핍증

- 노화, 피부건조
- 냉증, 불임, 유산

(3) 피부에서의 비타민 E의 과잉증

- 성장지연
- 출혈

4) 비타민 K(menadione)

(1) 피부에서의 비타민K의 기능

- 혈액응고
- 골격의 석회화를 도와줌

(2) 피부에서의 비타민 K의 결핍증

- 항생제를 복용하면 결핍증 유발
- 폐쇄성 황달, 담즙분비 저하, 췌장기능 저하 및 만성설사

(3) 피부에서의 비타민K의 과잉증

- 고혈압
- 빈혈
- 혈색뇨증
- 혈액응고

3. 수용성비타민

1) 비타민 B_1 (thiamin)

(1) 피부에서의 비타민B_1의 기능

- 근육의 긴장 유지,
- 위액분비 촉진 · 식욕증진

(2) 피부에서의 비타민B_1의 결핍증

- 피부에 윤기가 없어지고, 감각이 무디어진다.
- 식욕부진
- 소화불량
- 심한 변비 및 위 무력증

2) 비타민 B_2 (riboflavin)

(1) 피부에서의 비타민 B_2의 결핍증

- 피부의 신진대사 촉진
- 입술이 거칠어지고 마르는 것 방지

(2) 피부에서의 비타민 B_2의 결핍증

- 지루성 피부염

- 설염
- 미각상실 통증

3) 비타민 B_6 (pyridoxine)

(1) 피부에서의 비타민 B_{12} 기능

- 적혈구의 대사와 합성에 관여
- 피부의 색과 관련
- 당질, 지질 및 신체 생리기능조절 물질 합성에 관여

(2) 피부에서의 비타민 B_6의 결핍증

- 지루성 피부염
- 구내염

4) 비타민 B_{12} (cyanocobalamin)

(1) 피부에서의 비타민 B_{12} 기능

- 정상적인 적혈구 생산과 methionine 합성 및 당질대사에 관여
- 지질 대사에서 cholin 과 betain 역할
- betain : 간에서 지방대사 원활히 하고, 새로운 피부생성을 도와준다.

(2) 피부에서의 비타민 B_{12}의 결핍증

- 악성빈혈
- 피로허약
- 식용저하
- 체중감소 및 근무력증

5) 비타민 C(ascorbic acid)

(1) 피부에서의 비타민 C 기능

- 멜라닌 색소 형성을 억제
- 멜라닌 색소를 환원하여 엷게 한다.
- 아미노산 대사를 조절

- 모세혈관 강도 유지
- 항산화제 : 화학물, 오염물 등에 의한 손상으로부터 보호

(2) 피부에서의 비타민 C의 결핍증

- 색소 침착증, 각화증, 과민증
- 피부나 점막 출혈
- 세포간 물질이 약화되어 세포와 조직의 감염초래
- 충치, 구강염, 괴혈병

⑥ 수분

수분은 모든 동 · 식물체와 식품에 존재하는 필수 성분으로 생물체의 세포내 · 외액의 성분으로 존재하고 분산매나 용매로 작용하며 수화 및 가수분해반응 등에 반응하는 물질로 작용한다. 물 분자는 그림 7-7과 같이 H-O-H의 결합각이 105 ㅇ의 각도로 결합하고 있으며 산소와 수소의 핵사이의 거리는 0.096nm이다.

- **자유수** : 동 · 식물체 및 식품의 조직 중에 기계적으로 들어있는 물
- **결합수** : 동 · 식물체 및 식품의 조직 성분과 단단히 결합되어 있는 물

1. 신체 수분의 기능

- 체조직과 체액 구성
- 용매로서 영양소를 요해시켜 소화, 흡수를 용이하게 도와준다.
- 영양소를 각 조직에 운반, 노폐물을 세포로부터 배설하는 역할
- 체온조절
- 수분의 적절한 조화가 피부를 아름답게 유지
- 윤활제 역할

2. 1일 수분 섭취량

체액은 체중의 60%로 세포 내액이 체중의 40% 세포 외액이 체중의 20%를 차지한다. 수분의 섭취는 음료수로 1650m, 음식으로부터 750ml 및 대사수로 350ml 이며 수분의 배설은 호흡으로 500ml, 피부호흡으로 600ml, 콩팥으로 1500ml 및 변으로 150ml 이다. 인체에서의 수분의 섭취와 배설관계는 그림 7-8에 나타내었다.

[촉촉한 피부와 수분과의 관계는?]

- 피부는 혈액을 통하여 산소, 물 및 영양분을 충분히 공급받아야 윤기와 탄력을 유지한다.
- 주름살이 생기는 원인 · 수분이 많은 식품의 기피, 많은 염분 섭취량 등에 의한다.
- 피부는 다른 조직 보다 많은 물이 함유되어 있다. 따라서 건조한 실내에서 근무를 하거나 환절기 때는 비타민 C와 E가 함유된 화장수나, 보습과유연 효과가 높은 화장수를 사용하여 수분을 보충해야 한다. 영양크림은 피부에 얇은 보호막을 형성하므로 건조 및 거칠어짐을 예방하여 피부보호에 도움을 준다.
- 수분이 손실되면 피부는 어떻게 될까?

피부 자체의 수분이 충분하면 피부 결은 매끄럽고, 부족하면 피부 결은 거칠어진다. 피부 각질층의 수분 함량은 12~20%일 때가 가장 적당하나, 10% 미만이 되면 건조해지고 윤기와 탄력을 잃어 주름이 생성 및 염증을 유발하여 여러 가지 피부 트러블의 원인이 된다. 수분을 유지하는 기능이 아름다운 피부유지와 밀접한 관계가 있다.

[피부의 보습기전]

피부에는 친수성분의 천연보습인자 및 결합조직의 분해효소가 존재하여 피부의 수분량을 조절하여 건조를 방지하는 역할을 한다. 즉 천연보습인자 및 결합조직의 분해효소가 각질층에서 수분을 유지시키며 기름샘에서 분비된 피지가 피부표면을 덮어 피부로부터 수분이 증발하는 것을 막아준다. 따라서 천연보습인자 및 결합조직의 분해효소가 결핍되면 피부가 건조해져 각질층이 두터워지고 피부의 노화를 촉진한다.

- 천연보습인자 (Natural Moisturizing Factor, NMF) 는 아미노산, 요소, 젖산염, 구연산, 폴리펩타이드, 하이론산, 무기염류등으로 구성되어 있다.
- 결합조직의 분해효소 (Amino Matrix Metallopoteinase, AMPs)는 콜라겐과 히아루론산 및 교차결합의 분해효소이다.

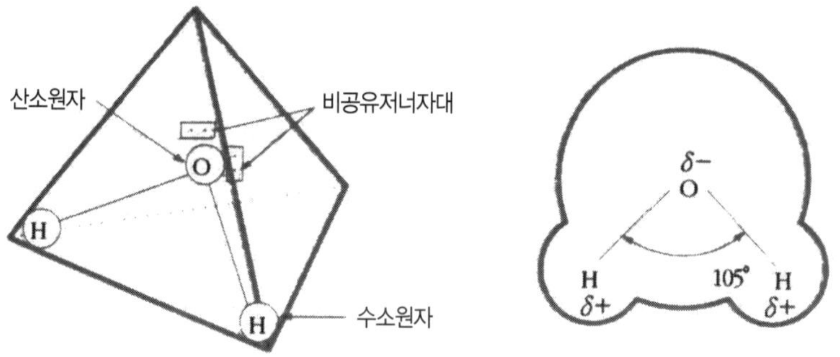

그림 7-7. 물분자의 구조

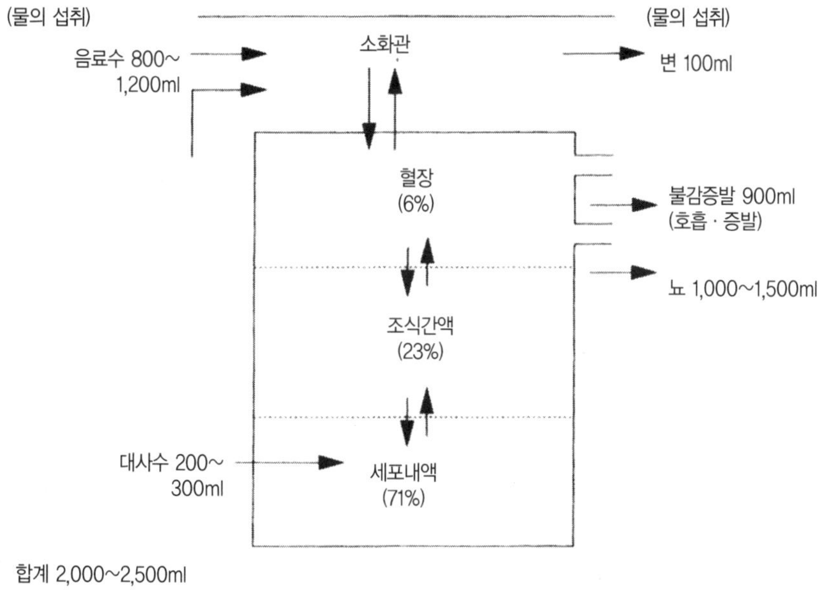

그림 7-8. 물 섭취량과 배설량

8 피부와 자외선

1 자외선

2 가시광선

3 적외선

8 피부와 자외선

1 자외선

태양광선은 중추신경을 자극하여 마음을 상쾌하게 하고 신진대사에 좋은 영향을 줄 뿐만 아니라 비타민 D의 합성으로 뼈의 성장에 유효 할 뿐만 아니라 피부 및 세포의 병원균을 죽이거나 억제시킨다. 또한 생물체의 신진대사를 가능하게 하는 에너지의 원천으로 지구상의 생물을 존재케 하고 생명계를 유지하는데 꼭 필요한 것이다. 자외선은 가시광선의 보라색보다도 짧은 파장영역의 광선이고, 자외선은 UVC(200-280nm), UVB(280-320nm), UVA(320-400nm)로 분류한다(그림 8-1).

자외선 중 단파장은 대기권 상층에 있는 오존층에서 흡수 산란되어 우리 피부까지 도달하지 않는다. 피부가 받는 자외선은 290-300nm이다. 그러나 오존층이 파괴되면 단파장이 자외선보다도 피부암 발생 빈도가 높다. 오존층 1%가 감소하면 피부암 환자는 3% 정도 증가한다고 한다. 자외선의 강도와 양은 지역, 계절 및 시간대에 의해 크게 달라진다. 또한 사람의 피부에 받는 자외선 양은 반사광등이 크게 영향을 미치고 신체 요철에 의해 자외선 받는 양이 크게 다르다. 코, 빰 및 아래 입술이 자외선을 많이 받는다. 자외선은 피부의 구조와 그 구성물질에 의해 산란되거나 흡수 된다. 피부의 구성물질 중 기저층의 멜라노사이트에서 생성되는 멜라닌은 피부를 자외선으로부터 방어하는 역할을 한다. 피부 내부 내부에 도달하는 자외선량은 파장에 따라 크게 다르며 장파장 일수록 진피 깊숙이 도달한다(그림 8-2). 자외선은 태양광선 중 방사량이 약 5%에 지나지 않지만 인간의 피부층에 직접적으로 영향을 미치며 자외선의 약 1%가 진피까지 도달한다.

1. 자외선의 종류

1) UVA(장파장, 320~400nm)

(1) 침투 깊이

- 진피까지 도달하여 즉시색소침착

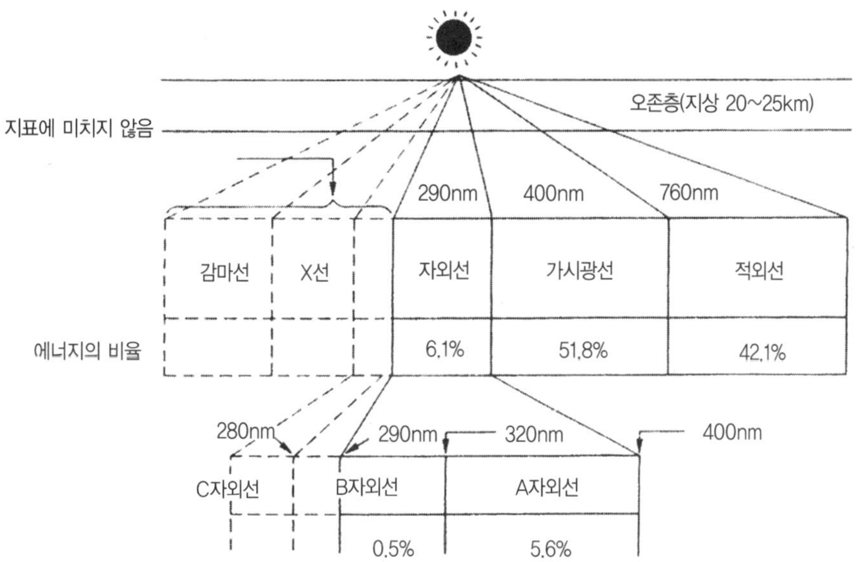

그림 8-1. 태양광선의 분류

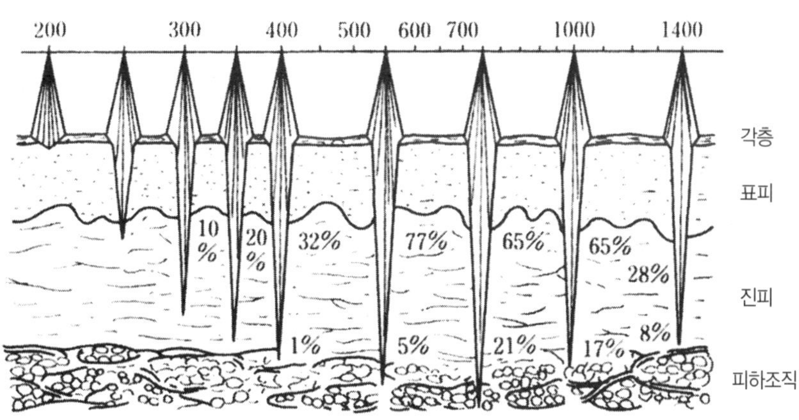

그림 8-2. 피부에 미치는 파장 영역

(2) 영향

- 광독성, 광알레르기반응
- 유리기(free radical)생성으로 인한 만성적 광노화
- 진피의 탄력섬유와 교원섬유의 변성으로 인한 피부탄력성 감소 및 피부위축 현상, 주름형성, 일광 탄력섬유증 유발
- 백내장 유발

2) UVB(중파장, 280~320nm)

(1) 침투 깊이

- 표피 기저층 또는 진피상부까지 도달

(2) 영향

- 프로비타민 D를 활성화 하여 구루병 예방
- 적당량의 경우 면역력강화, 여드름치유에 도움
- 피부각화 가속화
- 홍반, 수포, 일광화상(급성 반응)
- 지연색소침착, DNA를 손상시켜 피부암의 원인(만성반응)
- 세포막 손상, 효소활동 감소
- 많은 양의 경우 면역력 저하, 여드름의 염증악화

3) UVC(단파장, 200~280nm)

(1) 침투 깊이

- 오존층에서 흡수, 피부에 도달하지 않음

(2) 영향

- 살균작용, 박테리아 및 바이러스 등 살균 효과

2. 자외선에 의한 피부반응

자외선은 프로비타민 D를 비타민 D로 전화시켜 구루병을 예방하고 면역력을 강화시키는 등 여드름 및 피부병치료에 도움을 주나, 만성적 또는 장기적으로 자외선에 노출되는 경우 자외선의 광화학적, 광생물학적, 광면역학반응, 홍반반응, 모세혈관 확장증, 색소침착, 광노화현상, 일광화상, 광알레르기 또는 광독성반응을 유발하며 뿐만 아니라 백내장, 면역기능 저하, 피부암 등의 치명적인 손상을 입히게 된다.

자외선을 받은 직후에는 피부가 검게 보이는 색소침착이 일어난다. 이것은 기존의 담색 멜라닌이 일시적으로 산화되어 색소침착이 일어난 것이며 수 시간 후에는 원래 상태로 돌아온다. 이것은 UVA와 가시광선에 의한다. 자외선에 수 시간 노출된 후에는 피부가 빨개진다. 이것을 일광화상(sunburn)이라하고 더욱 진전되면 물집이 생긴다. 일광화상을 일으키는 파장의 영역은 그림 8-3에 나타나있다. 즉 일광화상은 300-310nm에서 가장 영향을 미친다. 자외선에 탄 후 시간이 지나면 피부는 서서히 색소 침착이 일어난다. 즉 멜라노사이트의 기능이 항진되어 많은 멜라닌을 생산하게 되는 것이다. 이렇게 색소침착 피부는 원래의 피부색으로 돌아가는데 수개월 정도 걸린다. 자외선에 의한 피부의 반응은 사람의 감수성에 따라 다르다. 이 자외선의 감수성은 광민감도에 따른 피부유형의 지표로서 MED(minimum-erythema dose, 최소 홍반량)에 이용된다. 감수성이 높은 사람일수록 적은 자외선량으로도 붉어지기 때문에 MED가 적게 된다. 색소침착 현상에 따라 Ⅰ-Ⅵ으로 분류하고 있다(표 8-1).

표 8-1 광민감도에 의한 피부유형 분류

피 부 형	일광에 의한 피부민감도
제 Ⅰ 형	상당히 쉽게 화상을 입으나 색소침착은 없다
제 Ⅱ 형	쉽게 화상을 입으며 약간의 색소침착 유발
제 Ⅲ 형	중증도의 화상을 입으며 점진적인 색소침착 유발
제 Ⅳ 형	약간의 화상을 입으나 바로 색소침착 유발
제 Ⅴ 형	거의화상을 입지 않고 심한 색소침착 유발
제 Ⅵ 형	전혀 화상을 입지 않고 매우 심한 색소침착이 있다.

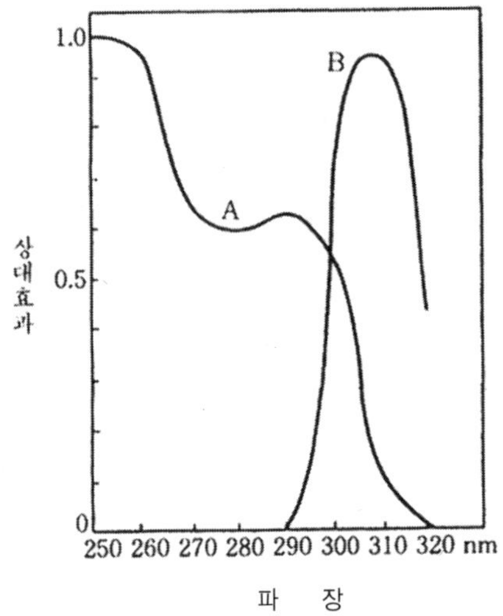

A : 각 파장의 단위 에너지당 홍반야기능
B : 지상에 있어서 태양광의 분광분포를 고려할 때의 홍반야기에 대한 각 파자의 기여도

그림 8-3. 일광화상을 일으키는 파장의 영역

- **광독성 반응** : 어떤 외래물질이 피부에 도포되어있는데 빛이 닿으면 생기는 반응이다.
- **광알레르기 반응** : 어떤 외래 물질과 빛의 면역계가 관여하는 것으로 감작 상태의 사람에게만 일어난다.

3. 자외선에 의한 만성 반응

자외선에 의한 만성적인 피부증상으로는 어부 및 농부 피부 등이 있다. 외관적으로 색이 검고 뻣뻣한 감촉이며 깊은 주름이 생겨있다. 이와 같은 변화를 광노화라 한다. 광노화는 UVB 뿐만 아니라 UVA도 관여한다고 한다. UVA는 지금까지 위험시 하지 않았으나 최근에는 그 위험성을 무시할 수 없다고 한다. 광노화는 백인에게서 최초로 보고 되었으나 유색인종에게도 일어나고 있다. 광노화의 피부 변화를 보면 표피가 두텁고 멜라노사이트는 이상 항진되어있다. 진피의 주된 구성분인 교원섬유 안에 탄성 섬유가 이상으로 증식되어 있고 진피 중의 모세혈관은 확장되어있다.

4. 자외선에 대한 대책

피부를 자외선에 노출시키지 않는 것이 자외선으로부터 피부를 보호할 수 있는 가장 좋은 방법이다. 옷, 모자, 파라솔 등은 피부를 어느 정도 보호한다. 그러나 얼굴은 특히 항상 노출되는 부위이며 더운 계절, 자외선이 강할 때에는 얼굴 뿐 아니라 더욱 많은 부위를 노출시키게 되기 때문에 노출된 피부를 적절히 보호할 수 있는 방법으로는 메이크업을 하거나 자외선 차단성분을 함유한 크림, 로션류를 사용하는 것이다. 자외선 차단제는 자외선의 유해 작용으로부터 피부를 보호할 목적으로 사용되는 것으로 290-400nm의 자외선 전역을 흡수하는 것이 가장 바람직하다.

[**자외선 차단제의 조건**]

- 독성이 없고 피부 장애를 일으키지 않아야 한다.
- 자외선의 차단 능력이 거야한다.
- 자외선이나 열에 의한 변화가 일어나지 않아야한다.

· **자외선 차단제의 목적** : 자외선을 방어하고 피부에 최소한 영향을 주는 것

1) 자외선 차단제의 분류

· **UVB 차단제** : 선탠 제품으로 피부에 홍반을 일으키지 않고 균일한 갈색 피부를 만드는 제품이다. 제품의 형태로는 오일 타입이 가장 일반적이다.

· **UVA와 UVB 차단제** : 피부의 그을림 방지 목적이다. 이제품의 조건으로는

① 자외선 차단 효과가 높을 것

② 안전성이 높을 것

③ 땀이나 물에 지워지지 않을 것

④ 사용감이 좋을 것

⑤ 의복에 착색되지 않을 것

선탠 후 피부 트리트먼트에 사용하는 화장품

2) 자외선 차단제로 사용하는 화학 물질

- 벤조페논 유도체와 안티라닐산 메칠벤조 페논 : 피부 부작용의 발생 위험성이 높아 거의 사용하지 않고 있다.
- 파라아미노벤조익산 유도체, 신남산 유도체, 살리실레이트, 파라아미노벤조익산 유도체 : 피부부작용의 발생 위험성이 높아 거의 사용하지 않는다. 높은 SPF 지수를 필요로 하는 제품에는 이러한 2종류의 차단 물질이 모두 함유되어 있으며 낮은 SPF 지수를 필요로 하는 제품일수록 UVB 차단물질 위주로 함유되어 있다.
- 이산화티탄, 산화아연, 운모, 탈크, 카올린 등의 분말상태가 이용되며 투웨이케이크를 비롯한 메이크업류와 미백제품에 주로 함유되어 있다.

3) 자외선 방어 효과 평가법

(1) 자외선차단지수(Sun protection factor : SPF)

자외선 방어 효과를 사람의 피부를 이용하여 평가하는 SPF 측정을 말한다. SPF 측정 방법은 사람의 피부에 시료를 바르고 자외선을 조사하여 시료를 바른 부위의 최소 홍반량(Minimum Erythema Dose, MED) 과 바르지 않은 부위의 최소 홍반량의 비교 표시이다.

$$STF = \frac{\text{시료도포부위 홍반유발 최소량 (MED)}}{\text{미도포 부위의 홍반유발 최소량(MED)}}$$

이 측정은 피시험자의 자외선에 대한 감수성이 다르며 SPF 값도 다르다. 표 8-2는 SPF 값에 따른 효능을 나타내고 있다.

(2) 희석 투과율법

자외선 차단제품을 용매에 용해 시켜 투과율과 흡광도를 측정하는 방법이다. 그러나 피부 도포 방법과는 많이 다르므로 좋은 방법은 아니다. 많은 제품을 처리할 때는 일차 평가법으로 유용하게 사용하고 있다.

(3) 석영판박막법

석영판에 시료를 얇게 바르고 분광 측정을 하는 방법이다. 희석 투과율 보다는 정밀도가 약간 좋다.

(4) 박리 표피투과법

털이 없는 마우스의 표피에 시료를 바르고 자외선을 조사하여 표피의 투과량으로 자외선 방어효과를 평가하는 방법이다.

(5) 몰모트법

사람대신 몰모트를 이용하는 방법으로 기본적인 방법은 SPF 측정법에 준한다.

상당히 유용한 방법이지만 비용이 많이 든다.

(6) 솔라텍스법

광독성 대체법을 이용해서 자외선 방어효과를 평가하는 방법이다.

자외선차단제품을 선택할 때는 자외선에 노출되는 시간을 고려해야 할 뿐 아니라 자외선의 강도에 따라 차단제의 유효기간이 길어지거나 짧아질 수 있으므로 노출, 계절, 시간에 따라 SPF가 적절한 제품을 선택하며 유효시간이 지나면 덧발라주어야 한다.

표 8-2 자외선 차단지수

자외선차단지수(SPF)	효 능
2~4	선탠은 허용하며, 홍반으로부터 약하게 보호
4~6	선탠은 약간 방지, 홍반으로부터 보호
6~8	선탠은 거의 방지, 홍반으로부터 보호
8~15	선탠은 최대 방지, 홍반으로부터 완전 보호
15이상	선탠은 완전 방지, 홍반으로부터 완전 보호

2 가시광선

눈에 보이는 태양광선으로 400-800nm의 중파장이며 우리에게 명암을 준다. 즉 눈에 작용하여 조명이 불충분하면 시력저하, 안정피로 및 근시 등을 초래하게 된다. 강렬할 때는 망막자극으로 시력장애, 시야협착, 및 암순응 능력 저하를 유발한다.

③ 적외선

지상에 기온을 좌우하는 장파장으로 피부에는 유해자극을 주지 않는 열을 발생하는 붉은 색의 열선이다. 피부조직 깊숙이 영향을 미치는 광선이다.

- 체온 상승 없이 피부에 열을 가해 근육을 이완 시킨다.
- 형관을 팽창 혈액 순환을 촉진한다.
- 피부세포의 신진대사를 촉진 시킨다.
- 새로운 세포 재생을 촉진한다.
- 외부의 영양분을 피부 깊이 침투 시킨다.

9 피부 미용을 위한 기초 화학

9 피부 미용을 위한 기초 화학

화학은 물리학의 일부이고 화학은 의학의 일부이기도 하다. 우리 신체에서 일어나고 있는 질병이나 신체의 건강 상태의 기전들이 모두 화학의 성분이다. 우리가 매일 먹는 것도 화학이다. 우리가 입는 것도 화학물질의 조합으로 만들어진 것이다. 그밖에 살아가는 모든 것이 화학의 일부분이다. 모든 물질은 원자나 분자로 만들어져 있다. 우리가 화학이라 부르는 것은 일차적인 물질들의 반응을 말한다. 피부의 기본적인 구조는 천연화학이며 미용인과 밀접한 관계가 있다. 피부 미용인들이 화장품화학의 지식을 갖고 있지 않으면 여러 가지 화장품 속에 들어있는 물질의 화학적 특징을 이해하지 못한다. 화학은 물질의 성분이나 구조들이 어떻게 다른 상태의 물질이 변화되는지 즉 물질의 변화를 연구하는 학문이다. 일반적으로 사용하고 있는 화장품들을 이해하기 위해서는 기본적인 화학적 지식이 필수적으로 요구된다. 이장은 피부 미용인들이 사용하고 있는 제품 속의 물질이나 기능들을 이해하기 위한 부분 들이다.

1 화학의 분야

1. 무기화학

탄소를 포함하지 않는 모든 물질들의 연구하는 학문이다. 여기서는 빠른 화학반응이 일어난다. 물, 공기, 철, 납 등이 무기물질들이다.

2. 유기화학

탄소 및 탄소화합물의 화학을 말한다. 탄소는 모든 동? 식물, 석유, 석탄, 천연가스와 인공적으로 생산된 많은 물질들에서 존재한다. 나무, 오일, 비누, 세정제, 플라스틱, 항생제, 가솔린 등이 유기물질이다. 유기화학은 생화학을 연구하는 기초 학문이다.

3. 생화학

생명체의 화학을 대상으로 한다. 유기화합물로 구성된 생체 중의 여러 가지 현상을 취급하는 학문이다. 생물체의 물질 조성, 생물체 내에서의 물질의 화학반응 등을 화학적 방법으로 연구하는 학문이다. 생물체를 재료로 하는 화학이라는 점에서 화학의 한 분과라고 도 할 수 있다. 따라서 생화학은 생물학과 화학을 연결하는, 또는 생물학과 화학의 두 영역에 걸쳐 있는 경계 학문이라고도 할 수 있다. 생물화학이라고도 하지만 보통 줄여서 생화학이라고 한다. 역사적으로 볼 때, 생화학의 시초는 유기화학이라고 할 수 있다.

4. 물리화학

물질의 성질 즉 측정 가능한 정량적인 성질에 대해 논하는 학문이다. 물리학의 이론과 물리적 측정수단을 사용해서 얻은 결과를 토대로 화학적 성질을 연구하는 화학의 한 분야이다.

5. 화장품화학

화장품의 성분과 피부에서 작용과 기전에 관하여 화학적으로 연구하는 학문이다.

6. 천연물화학

식물이 광합성작용으로 만들어낸 이차대사산물에 관하여 연구하는 학문을 말한다.

7. 식품화학

자연식품이나 가공식품 또는 식품 첨가물들의 화학적인 본질, 식품 또는 식품 성분들의 저장 또는 가공에 있어서의 화학적인 변화 등을 배우는 학문이다.

② 물질

물질은 액체, 고체 및 기체 같은 물리적인 형태를 이루고 있는 상태를 말한다.

- **고체** : 의자, 책상, 사람 등의 형태를 이루고 있는 물질들을 말한다.
- **액체** : 형태가 없고 모양을 만들 수는 있다. 즉 로션이나 물 등은 용기에 담아 형태를 만들 수 있다.
- **기체** : 형태가 없고 압축할 수 있다.

1. 물질의 구조

- **원자는** : 원소의 특징을 나타내는 일부분이며, 프로톤(양자), 중성자 및 전자 같은 것을 가지고 있다. 대부분의 원자 내에는 전자의 수와 프로톤의 수는 같다.
- **분자** : 원소나 화합물을 포함하고 있는 작은 조각들이다. 즉 물은 2개의 수소원자와 1나의 산소원자로 구성되어 하나의 분자를 구성하게 된다.
- **전자** : 화학적 반응에 중요한 요인이다. 수소 원자 중에 들어있는 원자는 쉽게 움직일 수 있는 매우 활동성이 높은 원소이다.
- **순수 물질** : 2가지 이상의 순수물질 즉, 원소와 화합물

- **균질 혼합물(용액)** : 균질한 용액은 반드시 무색은 아니지만 투명하다. 현미경에서 보면 모든 부분이 다 균일하게 보인다.
- **성질** : 어떤 것을 판별하는 기준이 되는 특징을 말한다.

2. 원소

원소는 물질의 가장 단순한 형태로 화학적으로 더 단순하고 안정한 형태로 나누어 질수 없다.

3. 화합물

화합물은 원소들의 화학적 조합으로 고유한 성질들과 일정한 조성을 갖는다. 각각의 원소를 잃어버리고 새로운 물질로 만들어진다. 산화철은 철과 산소의 2개의 원소로부터 하나의 다른 물질이 만들어진 것이다. 이 새로운 물질이 화합물이다. 즉 기계적의미의 변화가아니라 화학적의미의 변화를 말한다. 영양소에서 화합물을 보면 비타민은 탄소 수소 및 다른 원소들로 구성된 복합 화합물이다. 무기질도 화합물의 형태로 있으나 그 속에 원소들을 포함하고 있다.

1) 화합물의 형태

- **산소** : 화학적 성질은 2개의 전자를 받아들여 음이온 O2-를 이루기도 하고 2개의 공유결합을 생성하기도 한다. 산소 주위의 전자구조는 네온구조를 이루고 있다. 산소는 지각 중에 가장 다량으로 포함되어 있는 원소이다. 대기 중에는 약 20% 존재하며 암석이나 광물 중에도 주성분의 형태로 함유되어 있다. 물은 그 90% 정도가 산소이며, 화합물로서 지각(두께 16km)의 45%, 해수의 86% 정도 나 된다. 또 유리상태의 산소, 분자상태의 산소는 대기 중 20.95%나 함유되어있다.
- **산** : 양성자를 방출하는 성질이나 전자쌍을 받아들이는 성질이 있다. 수용액에서는 pH가 산성도의 척도가 된다. 산소나 질소 같은 무기물에서 수소를 가지고 있는 물질이다. 산은 푸른 리트머스 시험지를 붉은색으로 변화 시킨다.

- **염기** : 수용액 중에서 OH^-를 방출하는 화합물이며 양성자를 수용할 수 있는 물질이다. OH^-는 H^+를 받아들여 H_2O를 생성한다. 수소, 산소, 무기질을 포함하고 있다. 예를 들면 NaOH는 무기질 + 산소 + 수소이다. 이것은 비누 만드는데 사용된다. 염기는 붉은 리트머스 시험지를 푸른색으로 변화 시킨다
- **염** : 산과 염기의 반응으로 만들어진 화합물이다. 물은 화학반응 생성물이다.

2) 피부나 머리에서 볼 수 있는 원소 및 화합물

- 피부나 머리에서 볼 수 있는 원소 : C, N, O, S, H, P등
- 피부나 머리에서 볼 수 있는 화합물 : 물, 과산화물, 암모늄 티오글리코레이트, 알코올, 알카리등

4. 혼합물

두 가지 이상의 물질이 서로 화학 결합을 형성하지 않고 하나의 균일한 물질을 이루는 것을 말한다. 즉 균일한 혼합물은 구성분자가 균일하게 혼합되어 단일상을 이루고 있다. 혼합물 중의 성분을 나타내는 화학적 성질은 순 물질이 나타내는 성질과 같다. 순수 물질의 물리적 조합으로 각각의 성분들은 그대로 가지고 있지만 일정한 조성을 보이지는 않는다.

5. 물질의 변화

- **화학적 변화** : 화학반응과 같은 말이며 물질의 구조를 변화시킨다. 본래의 물질과는 성질이 다른 새로운 물질을 생성하는 것을 말한다. 예를 들면 물질을 구성하는 원자 사이에 새로운 화학결합이 일어나 원래의 물질과 다른 물질을 생성하는 변화는 화학적 변화이다. 예를 들면 설탕을 진한 농도의 황산 속에 넣으면 설탕분자 에 들어있는 수소와 산소가 나가버리고 전혀 다른 탄소화합물이 되는 것이다.
- **물리적 변화** : 화학적 구조는 변화시키지 않는다. 즉 새로운 물질은 생성되지 않고 단지 성질만 변화하는 것을 말한다. 예를 들면 액체상태의 물은 온도가

낮아지면 고체상태의 얼음이 되는 것은 물리적 변화이다.

- **밀도** : 물질의 단위 부피당의 질량이다.
- **비중** : 비중은 상대밀도를 말하며 어떤 물질의 질량과, 같은 부피를 가진 표준 물질의 질량과의 비를 말하는 것이다. 표준물질로서는 액체 및 고체의 경우에는 보통 1atm, 4℃의 물을 취하고, 기체의 경우에는 0℃, 1atm하에서의 공기를 취한다. 비중은 온도 및 압력(기체의 경우)에 따라 달라지는 데, 대부분 비중과 밀도는 그 값이 같다. 그 밖에 냄새, 색, 맛도 물질의 성질을 판단하는 기준이 된다.
- **가연성** : 물질이 타기 쉬운 성질을 말한다. 가연성이 풍부한 물질로는 수소, 메탄, 알코올 및 셀룰로이드 등을 대표적인 예로 들 수 있다.

6. 농도

주로 용액에서 성분의 조성을 나타내는 양으로 여러 가지 표시법이 있으나 다음이 가장 널리 쓰이는 방법이다.

- **무게 백분율(weight percent)** : 퍼센트 농도라고도 하며 용액 100g 속에 녹아 있는 용질의 g수로서 %로 나타내는 것이다.
- **몰농도(morality)** : 용액 1,000mL 속에 있는 용질의 몰수를 말하며, M 또는 몰/L 로 나타낸다.
- **노르말 농도(normality)** : N으로 표시하며 용액 1L 속에 녹아 있는 용질의 g 당량수로 나타낸다.
- **몰랄농도(molarity)** : 용액 1kg 속에 녹아 잇는 용질의 몰수를 말하며, m으로 표시하며, 라울의 법칙이나 삼투압 측정 등에 이용된다.
- **부피백분율(volume percent)** : 용량 퍼센트라고도 하는데 용액 1,000mL 속에 녹아 있는 용질의 mL 수로 그 용질의 부피백분율을 나타낸다.

③ 원소, 화합물 및 혼합물의 일반적인 특징

1. 수소(H)

무색 · 무미 · 무취의 기체로 지구상에 존재하는 물질 중에서 가장 풍부하고 가벼운 원소이다. 주로 물의 형태로 존재하나 탄화수소(석유)의 주성분이다. 수소는 3종류로 한정되어있다.

- 양이온 수소 H^+ : 전자를 잃어서 만들어진 것이다.
- 음이온 수소 H^- : 전자를 얻어서 만들어진 것이다.
- 다른 원자와 전자를 나누어 공유결합을 이룬다. : H_2, HCl등

2. 산소(O)

산소는 지각 중에 가장 많이 존재하며 대기 중에는 약 20% 이상 존재한다. 산소에는 O_2 이외에 O_3의 오존 상태로 존재한다. 산소를 생성하는 방법은 다음과 같은 방법으로 생성된다.

- 불완전한 산화물의 열분해 : $2HgO_2 \rightarrow 2Hg + O_2$
- 과산화물의 분해 : $2H_2O_2 \rightarrow 2H_2O + O_2$
- 옥소산염의 열분해 : $2KClO_3 \rightarrow KCl + 3O_2$

  $2KMnO_4 \rightarrow K2MnO_4 + MnO_2 + O_2$

3. 질소(N)

질소는 대기 중에 78% 함유되나 그 밖의 질산나트륨 등의 형태로 광물로서도 산출된다. 무색? 무미? 무취의 기체로 액체나 고체상태에서도 무색이다. 산소보다 물에 녹기 어렵다. 상온에서는 화학적으로 비활성이며, 연소를 돕지 않고 호흡을 조장하지 않지만 유독하지는 않다. 고온에서는 다른 원소와 직접 반응하여 암모니아? 산화질소 등 많은 질소화합물을 만든다. 순수한 질소가 필요할 때는 아지화

물의 열분해로서 얻는다. 즉 $2NaN_3 \rightarrow 2Na + 3N_2$

질소 산화물은 7종류가 알려져 있다.

- N_2O 일산화이질소 : 중성의 산화물
- NO 일산화질소 : 산화질소라고도하며 이것도 중성의 산화물이다.
- N_2O_3 산화질소 :무수화 질산으로 산성의 산화물이다.
- NO_2 이산화질소 : 과산화질소
- N_2O_4 사산화이질소 : 이산화질소의 이합체이며 NO_2와 평형을 이룬다.
- N_2O_5 오산화이질소 : 질산의 무수물이다.
- NO_3 삼산화질소

질소는 할로겐과 이성분계의 화합물을 생성되며 NF_3, NCl_3 등 있다.

4. 공기(air)

지구를 둘러싸고 있는 기체의 혼합물의 무색투명한 기체이다. 공기 중에는 질소가 78.8%, 산소가 20.95%, 아르곤 0.93%, 이산화탄소 0.03% 등이 있으며 이밖에도 수증기도 있으나 건조에 따라 함량이 크게 다르다. 먼지나 꽃가루 등도 떠돌고 있다.

5. 물(H_2O)

물은 0℃에서 얼고 100℃에서 끓는다. 기체는 H_2O의 단분자로 된 수증기이다. 분자는 삼각형을 이루고 있으며 2개의 O-H 결합을 이루는 각은 105°, O-H결합의 길이는 0.099nm이다. 물은 주로 공유 결합성을 나타내는 화합물이나 매우 조금이지만 자체 변화를 일으킨다($H_2O \rightleftharpoons H^+ + OH^-$).

1) 증류수

증류에 의해서 정체된 물이다. 물을 가열했을 때 발생하는 수증기를 냉각 시켜 탈염(脫鹽) 정체된 물을 말한다. 보통의 물, 즉 수돗물이나 우물물 등은 각종 유기물과 무기물을 함유하기 때문에 순수한 물이 아니다. 따라서, 증류수는 화학적 조작이나 의약품, 피부관리 등에서 순수한 물이 필요할 때 사용된다.

2) 연수

칼슘이온이나 마그네슘이온의 함유량이 적은 물이다. 연수라고도 하며, 센물에 대응하는 말이다. 빗물이나 수돗물이 단물의 예가 된다.

3) 경수

칼슘이온이나 마그네슘이온을 비교적 많이 함유하고 있는 물로서 경수(硬水)라고도 한다.

6. 과산화수소(H_2O_2)

과산화수소는 산화제로서 철(Ⅱ)이온을 철(Ⅲ)이온으로 산화하는데 쓰여지나 조건에 따라서는 환원제로서도 작용하여 과망간산칼륨을 환원시킬 수도 있다. 표백제로도 사용되며 실크, 머리카락의 깃털, 손톱과 같은 유기물질에는 탈색제로 사용하기도 한다.

④ 산성과 알카리성

pH는 수용액의 수소이온 농도에 역수의 상용대수이다. 25℃의 순수한 물에서의 수소이온 농도는 $1.00 \times 10^{-7} mol\ l^{-1}$이므로 pH는 7.00이 된다. 산을 가하면 수소이온 농도가 증가하여 pH는 7보다 작아진다. 수산화이온이 증가하면 수소이온 농도는 감소하여 pH는 7보다 커진다. pH의 대략적인 값은 지시약으로 알 수 있다.

알카리성은 염기성이라고도 하며 염기가 가진 기본적인 성질이다. 염기는 양성자와 결합하려고 하는 성질이 강하다. 따라서 염기는 수용액 중에서 용매인 물분자로부터 양성자를 빼앗아, 수산이온을 방출시켜 용액을 알칼리성으로 만든다. 또 수용액에 한정하지 않고 산이나 산성 물질로부터도 양성자를 빼앗아 염기의 양성 서운과 결합하여 염을 만드는 성질이 있다.

1. 피부미용인을 위한 pH의 응용범위

- 수소이온농도는 용액 속의 수소이온 농도이다. 수소지수로서 나타내며, pH라는 기호로 표시한다.
- 피부의 pH가 4.5~5.5정도의 약산성이 유지되어야 외부의 세균이 침입하면 방어효과가 있기 때문에 약산성의 pH를 가진 화장수를 사용한다.
- 모발이 탈색제로 과산화수소 용액을 사용하는 것은 산화 환원 반응을 이용한 것 으로서 과산화수소(H_2O_2)가 멜라닌 색소를 산화시켜서 색상을 파괴하는 것이다.
- 천연물에서 유용한 성분을 피부관리 제품에 직접 함유시키기도 하지만, 그 중 화학적인 구조가 규명된 것은 비용절감을 위해 유기 합성하여 대량 생산한다.
- 아로마테라피는 식물의 향기나는 오일인 정유(essential oil)을 사용하는데 그 화학적이고 생리적인 특성을 이용하여 추출하고 피부관리에 응용한다.
- 피부관리 제품의 품질보존을 위하여 첨가하는 방부제는 적절한 pH, 용해도, 색상, 냄새 등 다양한 화학적인 조건을 갖추어서 사용한다.
- 이온토포레시스(iontophoresis)는 수용성 물질이 피부에 침투되기 어려운 화학적 인 상태에서, 생체 내 전기의 발생원리를 이용해서 같은 전하를 갖는 전극과 이 온이 서로 밀어내는 원리로 인해 수용성인 영양성분을 침투시키는 것이다. 이때 양극에서는 피부에 수렴효과를 주고, 음극에서는 피부에 각질 연화효과를 주게 된다.
- 다양한 마스크 제품들 중에서 물과 혼합하여 적절한 농도를 만들어야 사용할 수 있으며 겔 상태이다가 고체상태가 되기도 하는 등 물질의상태가 마스크 건조 후에 달라지는 경우가 많다.

⑤ 화학반응

화학반응에서 반응하는 물질을 반응물 또는 시약이라고 하고 생성되는 물질을 생성물이라고 한다. 반응이 일어나면 반응물의 원자들 중 일부 또는 전부가 결합을 바꾼다.

1. 산-염기반응

산과 염기반응은 치환 또는 이중치환반응이다.

- **치환반응** : 2개 이상의 다른 원소들로 구성된 화합물과 반응한 결과 원래 화합물에 들어있던 원소중의 한 원소와 자유원소가 자리바꿈을 할 수 있다. 이런 반응을 치환반응이라 한다.
- **이중치환반응** : 2개의 화합물이 반응하여 2개의 새로운 화합물을 만들어 낼 수 있다. 즉 2개의 이온결합 화합물이 서로 음이온들을 교환함으로서 이루어진다. 이런 반응을 이중치환반응이라 한다.

2. 산과 염기의 성질

일반적으로 산은 신맛을 내고 지시약의 색깔을 변화시킨다. 염기와 반응하여 염을 생성한다. 예를 들면 레몬의 신맛은 구연산 맛이고, 식초의 신맛은 주성분이 빙초산이다. 염기는 미끈거리고 지시약의 색깔을 변화시키며 산과 반응하여 염을 만든다. 산과 염기의 반응 중에서 가장 중요한 것은 그들이 서로 반응하여 염과 물을 만들어내는 반응이다.

$$HNO_3 + NaOH \rightarrow NaNO_3 + H_2O(1)$$

- **지시약** : 산성용액이나 염기성용액 또는 양쪽 모두에게 강한 색깔을 나타내는 염료를 말한다. 그 색깔은 산성도나 염기성도에 따라 달라진다. 따라서 지시약은 산이나 염기가 반응하여 중성으로 되었는지를 확인하는데 사용되고 있다.

지시약은 낮은 농도에서도 알아볼 수 있도록 강한 색을 띄어야 한다.

- **산화제** : 다른 화학물질을 산화시키는 역할을 하는 물질, 예를 들면 과산화수소는 산화제이기 때문에 머리의 색을 탈색시킨다. 즉 머리색을 무색으로 산화시키는 것이다.
- **환원제** : 다른 물질에 환원을 일으키게 하는 물질이다. 환원제 자체는 산화되기 용이한 물질이다. 환원제가 조건에 따라 산화제로 작용하는 경우도 있는데, 예를 들면 과산화수소나 이산화황이 그러하다.
- **산화 환원반응** : 산화와 환원이 함께 일어나는 반응을 말한다.

⑥ 화장품에서의 화학응용

아름답고 깨끗한 피부를 유지하기 위해서 기본적으로 사용하고 있는 화장품의 화학적 구성성분을 이해하는 것은 좀더 나은 피부관리를 하기위해서다. 화장품은 종류에 따라 많은 기능을 가지고 있다. 화장품의 종류에 따라 물리화학적 특징을 이해할 수 있다. 화장품 용액은 유화, 콜로이드 및 현탁액 상태를 이루고 있다. 용액은 분자가 균질하게 혼합된 물질이다. 용액은 고체, 액체, 기체 및 다른 물질로부터 기본적으로 만들어진다. 즉 Boric acid 용액은 액체 내에 고체가 녹아있는 것이다. 암모니아수는 물속에 가스가 혼합된 것이다. 용액에 녹아있는 물질들을 용질이라 부른다. 용질을 녹일 수 있는 물질을 용매라 부른다. 좋은 용액은 여과하지 않아도 깨끗한 것을 말하며 용액 내에 입자가 남아있으면 혼합 후에도 뿌옇게 된다. 용매로부터 용질을 분리하기 위해서는 가열 진공농축을 하면 된다. 물은 가장 일반적인 용매이다.

1. 콜로이드와 현탁액

콜로이드는 불균일계 일종의 계면계의 성질을 정하는 중요한 역할을 하고 있다.

[콜로이드의 중요한 성질]

- 분산상 : 보통은 다수의 분자 집합으로 이루어진 입자이다.
- 분산매 : 분산상의 입자를 분산 시키고 있는 연속적인 매질이다.
- 분산질 : 분산매를 함께 안정하게 유지하기 위한 안정제 이다. 대부분 전하를 띈 원자단이다.
- 현탁액 : 고체 또는 액체의 미립자가 액체 중에 분산되어 있을 때는 현탁액, 기체 중에 분산되어 있을 때는 현탁질이라 한다.

2. 유화

유화는 액상 중에 미세 입자가 분산하여 있는 콜로이드 분산계이다. 소수성 유화제라 불리는 용매(분산매)와는 친화성이 약하고 불안정하다. 그러나 친수성 유화제라 불리는 용매(분산매)와는 친화성이 크고 안정하다. 유화액이란 서로 섞이지 않는 두 가지 액체, 즉 기름과 물이 유화제에 의해 혼합된 상태이다. 한 액체가 그것과 혼합되지 않는 다른 액체 속에 작은 입자로 분산된 물질을 분산상이라 하며 입자를 포함하는 다른 액체를 분산매라 한다. 에멀션 되는 상태를 유화라 부르고 이때 중립되는 물질을 유화제라고 한다. 에멀션은 물속에 기름 입자가 분산된 수중유적형(o/w)과 기름 속에 물이 분산된 유중수적형(w/o)의 두 가지 형태가 있다.

- **수중유적형(o/w)** : 물속에 기름 입자가 분산된 것이다. 제품으로는 수분로션, 크린징로션, 선탠로션, 배니싱 크림 등이 있고 식품 중에는 우유와 마요네즈가 있다.
- **유중수적형(w/o)** : 기름 속에 물이 분산된 것이다. 크린싱 크림, 콜드크림, 나이트크림, 마사지 크림, 베이비크림, 헤어크림 등이 있으며, 식품에서는 마가린과 버터가 있다.

유화제의 특징은 지방질의 분자 중 친수성기와 소수성기를 동시에 가지는 것으로 친수성기는 물과, 소수성기는 기름과 결합한다.

유화제의 성질을 갖는 대표적인 지방질로는 레시틴, 모노글리세라이드, 디글리세라이드, 담즙산 등이 있다.

3. 제품의 형태

제품들의 형태는 다양하다. 스틱이나 파우더 같은 제품은 건조 및 반건조 형태로 되어 있다. 크림, 연고 및 젤 등도 액체 또는 반액체의 형태 이다. 패스트 제품은 에어로졸 같은 가스 형태이다.

4. 화장품의 원료

화장품의 원료는 식물, 동물, 비타민, 무기질 및 화학 합성으로부터 얻어진다. 식물성 원료는 허브, 과일, 해초 및 식물의 수액으로부터 얻어진다. 동물성 원료는 라놀린, 콜라겐 및 알부민으로부터 얻어진다. 비타민 A 및 E는 비타민 제품으로 많이 사용되며 무기질은 카올린이나 실리카로부터 원료를 얻을 수 있다. 화학 합성 원료들은 석유로부터 얻이진다.

- 화장품을 구성하고 있는 주요 원료
- 유성원료 : 왁스, 유지, 에스테르유
- 유화가용화 목적으로 사용되는 원료 : 계면 활성제, 보습제 및 점도 증가제
- 피막형성을 목적으로 사용되는 원료 : 고분자 화합물 자외선 흡수제, 산화방지제 및 금속이온봉쇄제
- 자체 분말로서 사용되고 있는 색재류 원료 : 염료 및 안료
- 기타원료 :비타민류, 식물추출물, 및 향료들이 있다.
- 화장품의 원료로서 고려해야 할 주요조건
- 사용목적에 따라 기능이 우수해야한다.
- 안전성이 양호해야한다.
- 산화 안정성이 우수해야한다.
- 냄새가 적고 품질이 일정해야한다.

1) 유성원료

(1) 유지(oils and fats)

유지는 지방산과 글리세린이 주성분이고 동식물계에 널리 분포하고 있다. 유지 중에 상온에서 액상인 것을 유, 고체인 것을 지방이라 한다.

- **올리브 유** : 올리브의 열매를 압착하여 얻은 기름이다. 올리브유는 피부 표면으로부터 수분 증발의 억제 및 사용 감촉 등의 목적으로 사용한다.
- **동백 유** : 동백나무 종자에서 얻은 지방유이다. 크림, 유액 드에 사용하고 옛날부터 두발용 기름으로 사용되어왔다.
- **마카디미아 너트유** : 크림, 유액, 입술연지 등에 사용한다.
- **피마자 유** : 다른 유지보다 친수성이 높고 점성이 있고 에탄올에 용해된다. 입술연지, 포마드 및 염료 용해제로 사용한다.

(2) 왁스류

왁스류는 화학 구조상 고급지방산과 고급알코올의 에스테르이며 동식물로부터 얻을 수 있다. 왁스류는 기초화장품이나 메이크업 화장품에 널리 이용되고 있다. 주된 목적은 입술연지 등의 고형화, 광택부여 및 사용감촉의 향상시키기도 한다.

- **카르나우바 왁스** : 카르나우바 야자의 잎이나 잎 꼭지로부터 채취된 부서지기 쉬운 왁스이다. 입술연지 등의 스틱상 제품의 광택부여와 내온성 향상을 위해 사용한다.
- **칸데릴라 왁스** : 칸데릴라 식물의 줄기로부터 얻은 왁스이다. 입술연지 등의 스틱상 제품의 광택부여와 내온성 향상을 위해 사용한다.
- **호호바유** : 호호바 종자에서 얻은 액체왁스이다. 산화 안전성이 우수하고 사용감촉이 양호하고 피부 친화력이 있어 크림, 유액, 입술연지에 사용하고 있으며, 최근에는 마사지 오일로 사용하고 있다.
- **밀납** : 꿀 벌집에서 얻은 왁스이다. 크림, 입술연지, 볼연지 등의 스틱상 제품에 주로 사용된다.
- **라놀린** : 양 털로부터 얻은 연고상 물질이다. 피부에 대한 친화성, 부착성이 풍부하고 물을 함유하는 성질이 우수하므로 크림, 입술연지 등에 사용한다.

(3) 탄화수소

화장품에 사용되는 탄화수소는 C_{15} 이상의 포화탄화수소로 석유 자원으로부터 얻은 유동파라핀, 파라핀, 바세린 등이 있다. 또한 동식물에서 얻은 스쿠알렌에 수소를 첨가한 스쿠알란 등도 있다.

- **유동 파라핀** : 석유원유에서 고형 파라핀을 제거하여 정제한 것이다. 피부표면

에서 수분 증발을 억제하기 위함과 사용감촉의 향상을 위해 사용한다. 크림이나 유액의 기초화장품에 많이 사용하고 있다.

- **파라핀** : 석유 원유를 증류하여 최종산물로 남은 부분을 진공증류 및 용제 분별하여 얻은 물질이다. 크림, 입술연지 등에 사용하고 있다.
- **바세린** : 석유 원유를 진공 증류를 용제 탈납할 때 얻어지는 연고상 물질이다. 크림, 입술연지 등에 사용하고 있다.
- **세레신** : 지랍을 정제한 것이다. 입술연지 및 스틱상 포마드에 사용하고 있다.
- **마이크로크리스탈린 왁스** : 바세린 등을 탈유에 의해 얻은 미결정성 고체이다. 크림, 입술연지 등에 사용하고 있다.
- **스쿠알렌** : 심해상어에 다량 존재하고, 올리브유 등에도 존재한다. 크림, 유액 등의 기초 화장품에 많이 사용한다.

(4) 고급지방산

천연의 유지나 밀납 등에 에스테르류로서 함유되어 있다. 동식물 유지류에 함유된 지방산은 직쇄지방산이 많고 탄소수는 대부분 짝수이다. 석유화학 물질의 합성으로 측쇄지방이나 홀수 지방산도 있다. 화장품의 유성 원료로서 유지, 밀납 및 탄화수소 등에 혼합해서 사용한다.

- **라우린산** : 야자유나 팜핵유를 등을 비누화 분해해서 얻은 혼합 지방산을 분류하여 얻는다. 화장비누, 세안류 등에 많이 사용한다.
- **미리스틴산** : 팜핵유 등을 비누화 분해해서 얻은 혼합 지방산을 분류하여 얻는다. 거품성질 및 세정력이 우수하여 세안류 등에 많이 사용한다.
- **팔미틴산** : 팜유 등을 비누화 분해해서 얻는다. 크림이나 유액 등에 사용한다.
- **스테아린산** : 우지를 비누화 분해해서 얻은 지방산을 냉각 압축하여 액체산을 제거하여 만들거나 대두유와 면실유에 수소를 첨가하여 불포화지방산을 포화지방산으로 만든 후 분해 증류하여 얻는다. 크림, 로션류, 입술연지 등에 사용한다.
- **이소스테아린산** : 유성원료이고, 염은 유화제로 사용한다.

(5)고급알코올

천연유지를 원료로 하는 알코올과 석유화학제품을 원료로 하는 알코올로 구분된다.

- **세틸 알코올** : 크림, 유액 등의 유화제품의 유화안정 보조제로 사용된다.

- **스테아릴 알코올** : 유화안정 보조제 및 입술연지 등의 스틱상 제품에도 사용한다.
- **이소스테아릴 알코올** : 유성원료로 사용한다.
- **2-옥틸 도데칸올** : 유성원료로 사용한다.

(6) 에스테르류

에스테르는 산과 알코올을 탈수하여 얻는다. 에스테르 들은 구조, 분자량에 따라 성상이 다르고 유화제나 색소 등의 용제 및 불투명화제로 사용된다.

- **미리스틴산 이소프로필** : 성분간의 혼화제 및 색소 용해제로 사용된다. 크림, 유액, 메이크업 제품, 두발제품에 사용된다.
- **미리스틴산** : 피부 표면의 수분증발을 억제하며 사용감촉을 향상 시킬 목적으로 사용한다.
- **2-에틸헥산산 세틸** : 점도가 낮고 가수분해 및 산화에 대하여 안정하고 사용감촉도 양호하여 크림, 유액 등에 사용된다.
- **사과산 디이소스테아릴** : 가수분해 및 산화에 대하여 안정하고 점도가 높은데 비해 끈적임이 비교적 적다. 유화성이 우수하여 입술연지, 파운데이션 및 크림 등에 사용한다.

(7) 실리콘유

실리콘은 실록산 결합(-Si-O-Si-)을 갖는 유기 규소화합물의 총칭이다. 실리콘유의 특징은 발수성이 높고, 끈적임이 적고 가벼운 사용감을 가지고 있어 피부나 모발에 퍼짐성이 우수하다.

- **디메틸폴리실록산** : 유분 배합하는 모든 제품에 사용한다.
- **메틸페닐폴리실록산** : 에탄올에 녹고 다른 성분과 상용성이 좋아 넓은 범위의 제품에 사용된다.

2) 계면활성제

계면활성제의 종류는 대단히 많으나 일반적으로 계면활성제를 물에 용해한 경우의 이온 (음이온성, 양이온성, 양쪽성)으로 해리하는 것과 해리하지 않는 것(비이온)으로 구분된다.

(1) 음이온 계면활성제

음이온 계면활성제는 물에 용해될 때 친수기 부분이 음이온으로 해리한다.

- **고급지방산 비누** : 우지, 야자유 및 팜유를 이용하여 알칼리와 함께 가열하여 비누화로 얻을 수 있다. 우수한 세정력과 기포력이 있어 세안용 비누, 세안용 크림, 면도크림 등에 이용된다.
- **알킬 황산에스테르염** : 지방족 알코올을 알칼리로 중화하여 얻는다. 샴푸 및 치약 등에 이용된다.
- **폴리옥시에틸렌알킬에테르황산염** : 용해성, 세정력 및 기포성이 좋아 샴푸 등에 이용된다.
- **아실 N-메틸타우린염** : 높은 안전성, 내산, 내 경수성 및 기포성이 있어 샴푸 및 세안크림 등에 이용된다.
- **알킬에테르인산에스테르염** : 세안크림 및 샴푸 등에 사용된다.
- **N-아실아미노산염** : 샴푸, 세안크림 및 치약 등에 이용된다.

(2) 양이온 계면활성제

양이온 계면활성제는 물에 용해될 때 친수기 부분이 양이온으로 해리 하는 것이다. 양이온 계면활성제는 모발에 흡착하여 유연효과가 있어 린스로 많이 사용한다.

양이온 계면활성제로는 염화알킬트리메틸암모늄, 염화디알킬디메틸암모늄 및 염화 벤잘코늄 등이 있다.

(3) 양쪽성 계면 활성제

양이온성 관능기와 음이온성 관능기를 각각 1개씩 또는 그 이상을 동시에 분자내에 가지고 있다. 일반적으로 알칼리성에서는 음이온으로 산성에서는 양이온으로 해리된다. 양쪽성 계면 활성제는 세정력, 살균성, 기포성 및 유연효과가 있어 샴푸나 베이비용 제품에 많이 사용하고 거품의 안정화 및 기포 촉진 효과가 있어 에어로졸 제품에도 사용된다. 양쪽성 계면 활성제로는 알킬디메틸아미노초산베타인, 알킬아미드디메틸아미노초산베타인 및 2-알킬-N-카르복시-N-하이드록시이미다졸리늄베타인 등이 있다.

(4) 비이온 계면활성제

비이온 계면활성제는 분자 중에 수산기, 에테르 결합, 에스테르 및 산아미드 등을 갖고 있는 계면활성제다. 비이온 계면활성제의 친유기나 친수기에 따라 용해도, 습윤성, 침투성, 유화성 및 가용화성 등의 성질이 달라진다.

- **폴리옥시에틸렌 형** : 유화성 및 가용화가 우수하여 크림이나 유액 및 향료나 약제에도 사용한다.
- **다가알코올에스테르 형** : 유화성 및 가용화가 우수하여 화장품에 널리사용되고 있다.
- **에틸렌 옥사이드. 프로필렌 옥사이드 블록 공중합체** : Pluronic 이라는 상품명으로 널리 사용되고 있다.

(5) 기타계면활성제

- **고분자 계면활성제** : 폴리비닐알코올, 알긴산나트륨, 전분 유도체 및 트리간트고무 등이 있다.
- **천연계면활성제** : 라놀린, 콜레스테롤 및 사포닌 등이 있다.

3) 보습제

화장품에 사용되는 보습제는 글리세린, 프로필렌글리콜 및 솔비톨 등의 다가알코올이 가장 많고 NMF(자연보습인자)의 주성분인 피롤리딘카르본산염이나 젖산염 등이 있다. 최근에는 미생물이 생산에 의한 히아론산나트륨도 이용되고 있다. 보습제는 피부의 수분을 보류 작용의 안전성 유지에 기여하여야하며 그 외에 정균작용도 한다.

[보습제로서의 중요한 조건]

- 적절한 흡습능력이 있을 것
- 흡습력을 지속할 것
- 흡습력이 환경조건 변화의 영향을 쉽게 받지 않을 것
- 흡습력이 피부나 제품계의 보습에 기여할 것
- 가능한 저 휘발성 일 것
- 다른 성분과 공존성이 좋을 것
- 응고점이 가능한 낮을 것

- 점도가 적당하고 사용감촉이 우수하며 피부와의 친화성이 좋을 것
- 안전성이 높을 것
- 가능한 무색, 무취, 무미일 것

· **글리세린** : 동식물유지에서 비누 또는 지방산을 제조할 때 부산물로 얻어지고 탈수, 탈취 등의 정제하여 얻은 무색, 무취의 액체이다.
· **프로필렌글리콜** : 외간상 글리세린과 유사하다.
· **1,3-부틸렌글리콜** : 아세트알데히드의 알돌 축합물에 수소 첨가하여 얻은 무색, 무취 액체이다.
· **폴리에틸렌글리콜** : 물 또는 에틸렌글리콜에 알칼리 촉매 하에서 산화에틸렌을 부가 중합시켜서 얻은 화합물이다.
· **솔비톨** : 사과, 복숭아, 마가목 등의 과즙에 함유된 당알코올이고 백색, 무취의 고체이다.
· **젖산나트륨** : NMF에 존재하는 중요한 천연계 보습성분이다.
· **2-피롤리돈-5-카르본산나트륨** : NMF 중에서 중요한 작용을 하고 있는 보습성분이다. 글루타민산의 탈수반응에 의해 만들어지는 2-피콜리딘-5-카르본산의 나트륨염인 무취의 고체이다.
· **히아론산 나트륨** : 히아론산은 N-아세틸글루코사민과 글루크론산이 서로 결합한 산성 뮤코 다당의 일종이고, 콘드로이틴유산 등과 함께 포유동물의 결합조직에 널리 분포되어 있다. 결합조직 내에서의 기능은 세포간극에 수분을 유지하며, 또 조직 내에 젤상의 매트릭스를 형성해서 세포를 유지하고, 피부의 윤활성과 유연성을 보호하며, 외부의 압력 및 세균감염을 방지한다고 생각된다. 히아론산의 수분유지가 피부의 촉촉함에 기여하고 있고, 피부에 촉촉함이 없어지고 주름이 생기는 것은 피하의 결합조직에서 수분을 풍부하게 함유한 히아론산이 적어졌기 때문이라고 여겨진다.

4) 고분자 화합물

화장품 원료로서 사용되는 고분자 화합물은 점도 증가제, 피막제, 수지분말로서 주로 이용되고 있고, 또한, 보습제 및 계면활성제로서 일부로 사용되고 있다.

(1) 점도 증가제 고분자

점도를 조절 및 안정성을 유지할 목적으로 사용된다. 점도 증가제는 제품사용에서 감촉을 주는 영향이 커서, 각종의 수용성 고분자가 그 목적에 따라 선택되어 이용되고 있다.

- **퀸스씨드검** : 나무의 종자에서 얻는 천연 검이고 산성 다당류이다. 이 점액질은 독특한 감촉을 갖고 있어 끈적이지 않고 산뜻한 감촉을 준다.
- **잔탄검** : 포도당을 발효시켜 얻은 산상 다당류이다. 온도의 의존성이 적고 넓은 pH영역에서 안정하고 사용감이 좋다.
- **카르복시메틸 셀룰로오스 나트륨**: 셀룰로오스의 수산기를 부분적으로 OCH2COONa기로 치환하여 물에 용해하도록 한 반합성고분자이다. 보호 콜로이드성, 유화 안전성을 지닌 투명한 점도성 용액이어서 크림, 유액, 샴푸 등의 배합에 사용된다.
- **카르복시비닐 폴리머** : 주로 아크릴산이 중합한 카르복실기를 갖는 합성 고분자 이다. 미생물에 의한 오염이 적고 점도 증가 효과와 사용감촉이 좋아서 현재 가장 많이 사용되고 있다.

(2) 피막제 고분자

피막제 고분자는 물이나 알코올에 용해하는 것과 비수용성인 에멀젼과 수용성 에멀젼 등으로 나눌 수 있다.

- **폴리비닐알코올** : 폴리비닐을 비누화 하여 제조한 것이다. 피막형성을 이용해 팩에 사용되며 에멀젼에 안정화에도 이용된다.
- **폴리비닐 피롤리돈** : N-비닐 피롤리돈을 과산화수소수 촉매에서 중합한 것이다. 기포에 안정화나 모발에 광택부여목적으로 샴푸에 배합된다.
- **니트로셀룰로오스** : 셀룰로오스의 질산에스테르이다. 네일 에나멜의 피막제로 사용된다.
- **고분자 실리콘** : 갈라진 모발의 회복 및 방지하는 모발보호효과로 사용된다.

5) 자외선 차단제

자외선 차단제는 자외선의 유해 작용을 방어할 목적으로 사용되는 것으로 자외선 전역을 흡수하는 것이 바람직하다. 화장품에 사용되는 자외선 차단제의 중요한 조건은 독성이 없고 피부장해를 일으키지 않는 안전성이 높은 것, 자외선 흡수 능력이 크고, 폭넓게 흡수하는 것, 자외선이나 열에 의한 분해 등의 변화를 일으키지 않는 것, 화장품 기본재료와 상용성이 좋은 것 등이 있다.

6) 산화 방지제

화장품은 유지, 왁스, 계면활성제 및 향료 등에 불포화 결합을 갖고 있는 화합물의 유지류 들은 산화되기 쉽다. 화장품의 산패하여 냄새가 나거나 자극 등의 안전성 문제의 원인이 되기도 한다. 이와 같이 화장품의 품질 저하를 방지하기 위하여 산화방지제를 첨가할 필요가 있다. 산화 방지제로는 토코페롤류, BHT, BHA, 갈릭 산, 에스테르류, NDGA산 등이 있다.

7) 금속이온 봉쇄제

화장품에 금속이온이 혼입하면 품질이 떨어지는 원인이 될 수 있다. 또한 금속이온은 유성원료의 산화를 촉진하여 변취, 변색의 원인이 되어 침전물을 생성하게 된다. 금속이온을 불활성화할 목적으로 사용되는 것이 금속이온 봉쇄제이다. 가장 일반적인 금속이온 봉쇄제는 에틸렌디아민테트라초산 나트륨염이고 그 외 인산, 구연산, 아스콜빈산, 호박산, 글루콘산, 폴리인산나트륨, 메타인산나트륨 등이 있다.

7 피부 관리실에서의 응용

1. 기본용어 개념

- **감응전류** : 시간의 흐름에 따라 방향과 크기가 비대칭으로 변하는 전류로써 경지배가 정상적인 신경 근육계의 자극이나 전기진단에 많이 이용된다. 자극시간을 적당히 조절할 수 있는 기기들도 많이 생산되고 있다. 감응전류는 화학적 효과 없이 역학 작용을 발생시킬 수 있는 것으로 주로 근육 수축을 야기 시키는 데 사용된다. 감응전류의 신체의 적용하면 효과는 근육이 부드러워지고 혈액순환이 촉진되며 신진대사가 증가한다. 감응전류는 두피와 안면의 활성화를 위해 사용될 수 있다.

- **전압** : 전기장 또는 도체 내 두 점 사이의 전기적인 위치에너지 차(差)를 말한다. 전하(電荷) 분포에 의해 정해지는 것인데, 전위차가 있는 두 점 사이를 도선으로 연결하면 마치 물이 높은 곳으로 흘러 나가를 없애듯이 전위차가 없어지는 방향으로 전하가 이동한다. 실용단위는 볼트(V)이며, 1쿨롱(C)의 전하가 전위차가 있는 두 점 사이에서 이동 하였을 때에 하는 일이 1줄(J) 일 때 그 두 점 사이의 전위값, 즉 전압을 1V로 한다.
- **대류** : 열의 세 가지 전달과정 중 하나로서 열 때문에 유체가 상하로 뒤바뀌며 움직이는 현상이다. 대류로 인해서 유체는 전체가 고루 가열된다.
- **복사** : 물체가 방출하는 전자기파 및 입자선의 총칭, 또는 이들을 방출하는 현상이다. 현상복사 방사라고도 한다. 전자기파인 경우에는 파장에 따라 열선, 가시광선, 자외선, X선 등으로 분류한다.
- **반사** : 파동이 한 매질에서 다른 매질로 향해 전파해 갈 때, 경계면에서 일부 파동이 진행방향을 바꾸어 원래의 매질 안으로 되돌아오는 현상이다.
- **굴절** : 하나의 매질로부터 다른 배질로 진입하는 파동이 그 경계면에서 나가는 방향을 바꾸는 현상이다.
- **주파수** : 주기적으로 변동하는 현상에서 같은 상태가 1초(S)동안 몇 번 돌아오는가를 나타내는 수. 진동수와 같은 뜻이며, 주기 T의 역수 1/T로 표시된다.
- **부도체** : 열이나 전기를 전달하기 어려운 물체이다. 도체에 대응되는 용어로, 이것으로 도체를 감싸면 전기나 열의 이동을 방해할 수 있으므로 절연체라고도 한다.
- **전선** : 전력 또는 전기신호를 보내기 위해 사용되는 선류의 총칭이다.
- **전류** : 전하가 연속적으로 이동하는 형상이다. 전류의세기는 도선의임의의 단면적을 1초(s) 동안 1C(쿨롬)의정전하가 통과할 대의 값을 단위로 하여 1A(암페어)라 한다.
- **직류** : 전지에서의 전류와 같이 항상 일정 방향으로 흐르는 전류이다.
- **교류** : 흐름의 방향이 시간에 따라 주기적으로 변하는 전류 또는 전압이다.
- **전기회로** : 전류가 환류 할 수 있는 통로이다. 단순히 회로하고도 한다.
- **퓨즈** : 전선로에 과전류가 계속 흐르는 것을 방지하기 위하여 사용하는 일종의 자동차단기이다.
- **볼트** : 전위차(전압) 및 기전력의 MKSA 단위이다. 기호 V. 1A의 불변전류가 흐르는 도체의 두 점 사이에서 소비되는 전력이 1W일 때 그 두 점 사이의 전압

및 이에 상당하는 기전력을 말한다. 1V=1W/A이다.

- **암페어** : 전류의 계량단위로서 MKSA 단위계의 기본이 되는 것이다.
- **옴** : 전기저항의 MKS 단위이다. 기호 Ω. 기전력이존재하지 않는 도체의 두 점 사이에 1V의 전위차를 주었을 때, 1A의 전류가 흐르는 두 점 사이의 저항을 말한다.
- **변환기** : 신호 또는 에너지의 모양을 바꾸는 장치이다. 회로망, 변화기라고도 한다.
- **전자** : 음전하를 가지는 질량이 아주 작은 입자이다. 전자는 소립자 중에서 가장 오래 전부터 알려져 있던 것으로, 19세기 말 음극선 입자로서 발견되었고, 그 후 모든 물질이 구성요소임이 확인되었다.
- **플러그** : 전기기기, 측정기, 전화교환기 등의 회선, 회로 연결하는 기구이다.
- **밀리 암페어 미터** : 전류의 흐름양을 측정하는 장치이다.
- **포러시스** : 화학용액을 직류를 사용해 상처가 없는 부위에 침투시키는 과정을 말한다.

2. 피부 관리에 사용되는 기계

1) 갈바닉 기계

생체전기의 발생을 이용하여 직류전류를 사용하여 영양성분을 침투시키는 것이다.

2) 고주파 기계

교류전류를 사용하는데 파장이 긴 고주파 전류가 인체의 내부 깊숙이 전달되면 온열감을 느끼게 되는 것이다. 또한 신진대사를 촉진하고 혈관 확장작용으로 혈액순환을 활발하게 하여 노폐물을 제거하고 살균작용을 가지며 근육통을 치유시킨다.

3) 자외선

피부 관리실에서는 살균소독기를 사용하며, 자외선이 파장이 짧아서 가시광선으로는 볼 수 없는 것들을 쉽게 볼 수 있도록 해주는 원리를 이용한 것이 피부 판별에 사용하는 우드램프(wood lamp)이다.

4) 적외선

피부 관리실에서 피부의 혈액순환과 신진대사를 촉진시키기 위해 사용하는 적외선등이 있다.

5) 레이저

특정한 파장의 빛을 증폭시키는데 여기서 배출되는 빛을 레이저 광선이라 한다. 레이저 광선은 많은 열을 낼 수도 있고 특수한 빛깔을 흡수하기도 한다. 다양한 레이저 광선의 특성을 이용하며 기미, 주근깨, 주름제거 등의 시술을 한다.

6) 초음파

사람의 귀로는 소리로서 느낄 수 없는 약 2만 Hz이상의 음파를 말하며, 피부미용에서는 전기에너지로부터 초음파 변환기에 의해 생성되며, 피부에 초음파를 가하면 전극이 진동하고 또한 물이 진동하게 된다. 이 때 물 분자는 수소결합이 파괴되어 모공과 피부 깊숙이 침투하여 내부의 노폐물을 분해 시켜 외부로 배출시킨다. 이러한 원리를 이용하여 피부 관리실에서 초음파기계를 사용한다.

7) 진공흡입기

압력의 차이를 이용하여 피부표면에 흡착하여 작용하는 기계이다.

8) 진동기

전기로 진동 작용을 일으켜 피부에 진동이 전달되게 해서 마사지 효과를 주는 기계이다.

10 피부 관리와 기초 인체해부학

1. 골격계통
2. 근육계통
3. 신경계통
4. 피부 관리학과 해부생리학과의 관계

10 피부 관리와 기초 인체해부학

인체해부학이란 인체의 구조와 형태를 연구하는 학문이다.

① 골격계통

뼈는 여러 종류의 조직으로 구성된 골격계통의 기관이다. 뼈는 단단한 구조를 가지고 있으므로 연한 조직을 지지하고 보호하며 골격근과 함께 작용하여 몸의 운동을 가능하게 한다. 골격계통은 혈액세포를 만드는 조직이 있으며, 무기염도 저장한다. 성인의 인체 골격에 있는 뼈의 수는 206개로 이루어져 있고 크게 축성 골격과 가지성 골격으로 나눌 수 있다(그림10-1).

- 축성골격 : 머리, 목, 몸체 장기를 지지하고 보호하는 골과 연골로 구성
- 가지성 골격 : 사지를 축성 골격에 부착시키는 뼈와 사지 뼈들로 구성

1. 두개골

사람의 머리뼈는 아래턱을 제외하고는 22개의 뼈로 되어 있으며 이들은 봉합이라고 하는 불규칙한 선을 따라 맞물려있다. 뇌두개골은 8개가 맞물려있고 얼굴뼈에는 13개가 맞물려 있다. 하악골은 두개골에 인대로 연결되어 있으며 움직일 수 있는 뼈이다(그림 10-2).

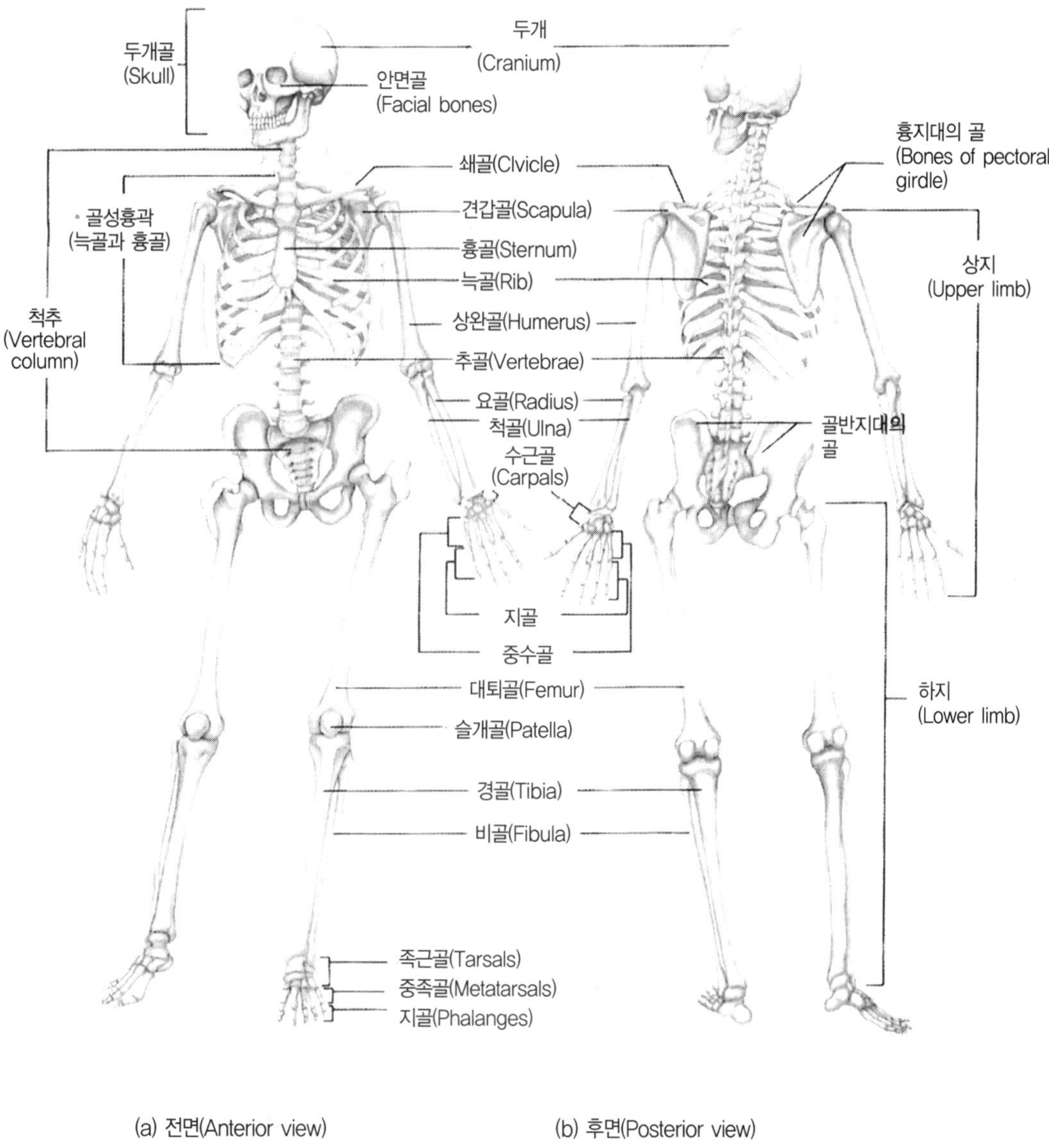
두개골
(Skull)
두개
(Cranium)
안면골
(Facial bones)
흉지대의 골
(Bones of pectoral girdle)
쇄골(Clvicle)
견갑골(Scapula)
골성흉곽
(늑골과 흉골)
흉골(Sternum)
늑골(Rib)
상지
(Upper limb)
척추
(Vertebral column)
상완골(Humerus)
추골(Vertebrae)
요골(Radius)
척골(Ulna)
골반지대의 골
수근골
(Carpals)
지골
중수골
대퇴골(Femur)
하지
(Lower limb)
슬개골(Patella)
경골(Tibia)
비골(Fibula)
족근골(Tarsals)
중족골(Metatarsals)
지골(Phalanges)
(a) 전면(Anterior view)
(b) 후면(Posterior view)

그림 10-1. 주요 골격

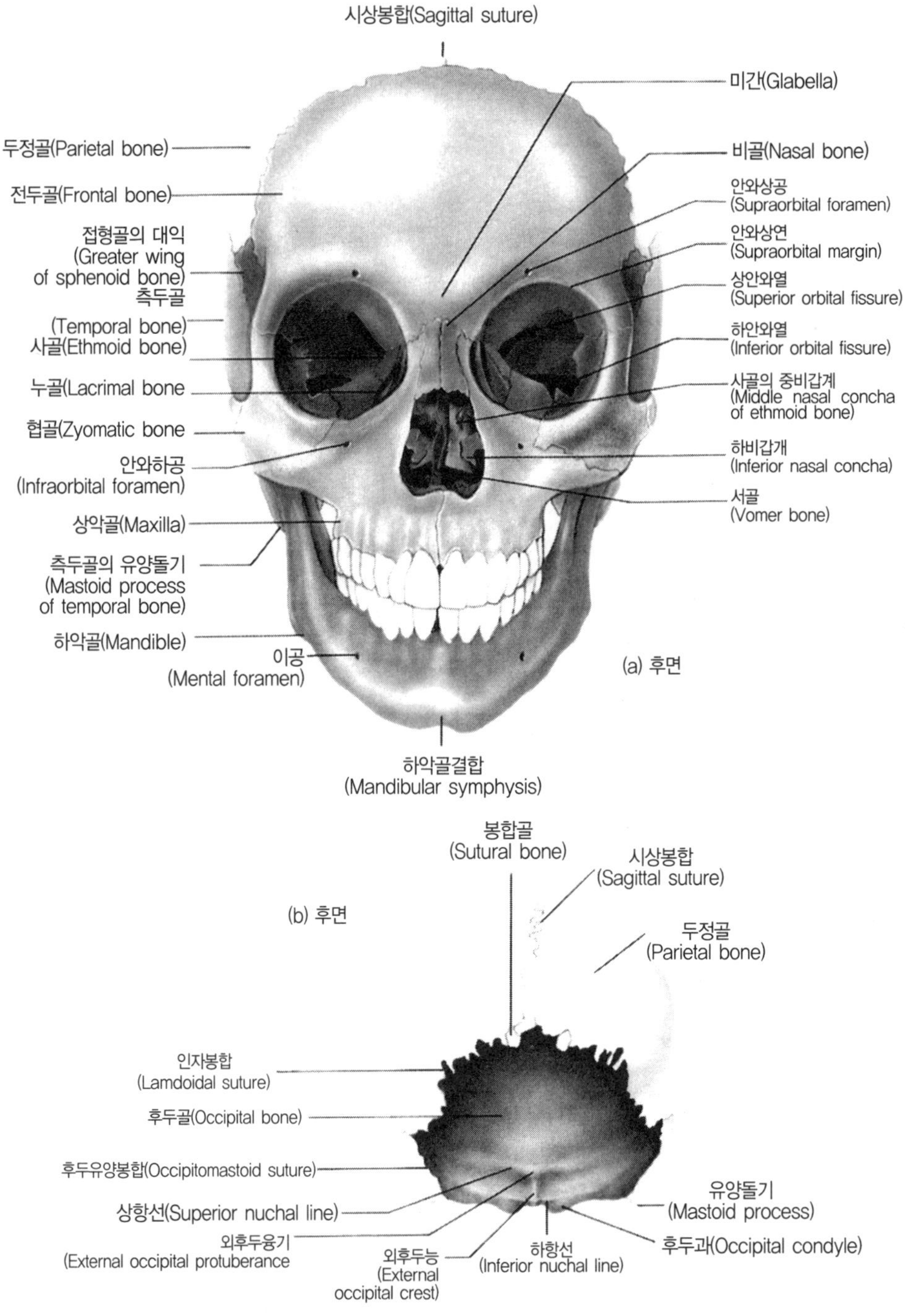
시상봉합(Sagittal suture)
미간(Glabella)
두정골(Parietal bone)
비골(Nasal bone)
전두골(Frontal bone)
안와상공
(Supraorbital foramen)
접형골의 대익
(Greater wing
of sphenoid bone)
안와상연
(Supraorbital margin)
상안와열
(Superior orbital fissure)
측두골
(Temporal bone)
사골(Ethmoid bone)
하안와열
(Inferior orbital fissure)
누골(Lacrimal bone
사골의 중비갑계
(Middle nasal concha
of ethmoid bone)
협골(Zyomatic bone
하비갑개
(Inferior nasal concha)
안와하공
(Infraorbital foramen)
서골
(Vomer bone)
상악골(Maxilla)
측두골의 유양돌기
(Mastoid process
of temporal bone)
하악골(Mandible)
이공
(Mental foramen)
(a) 후면
하악골결합
(Mandibular symphysis)
봉합골
(Sutural bone)
시상봉합
(Sagittal suture)
(b) 후면
두정골
(Parietal bone)
인자봉합
(Lamdoidal suture)
후두골(Occipital bone)
후두유양봉합(Occipitomastoid suture)
유양돌기
(Mastoid process)
상항선(Superior nuchal line)
외후두융기
(External occipital protuberance
외후두능
(External
occipital crest)
하항선
(Inferior nuchal line)
후두과(Occipital condyle)

그림 10-2. 두개골

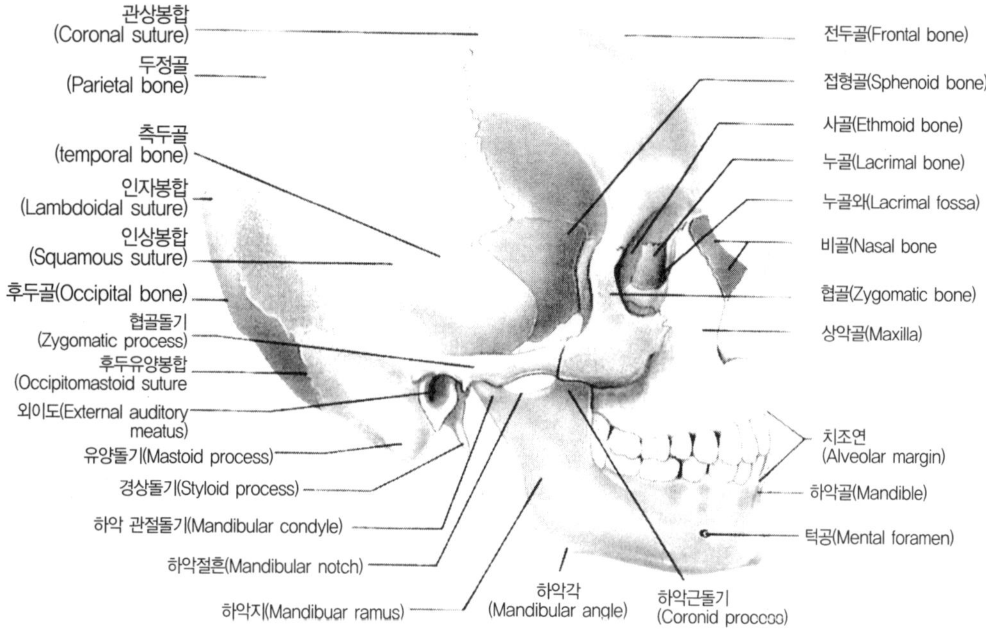

(a) 오른쪽 외측면

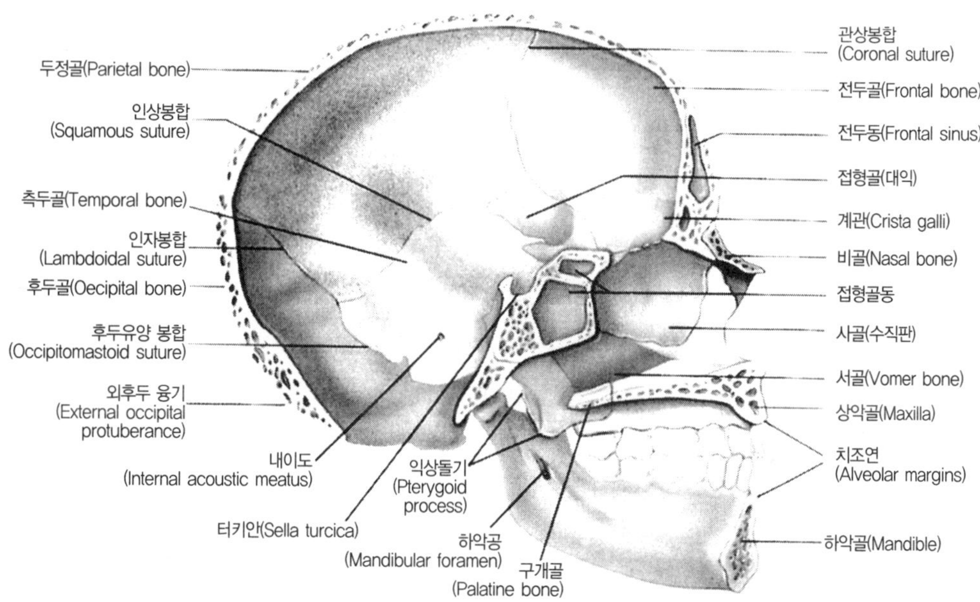

(b) 외측 두개골 시상단면의 내부

그림 10-3. 두개골의 측면

1) 뇌두개골

두개골은 뇌를 싸고 보호하며 윗부분에는 두개강을 형성하여 뇌두개골과 아래 부위에 안와, 비강, 구강 등의 기초를 이루는 안면골의 2종류로 크게 나눌 수 있다(그림 10-3).

(1) 전두골

전두골은 눈 위에 위치한 두개골의 앞면을 형성한다. 이마와 비강의 천정 및 안와의 지붕이 포한된다.

(2) 두정골

두정골은 전두골의 바로 뒤에서 양측 면으로 위치해 있다. 두정골은 굽은 판 모양으로 생겼으며 4개의 모서리가 있다.

(3) 후두골

후두골은 시옷자 봉합을 따라 두정골과 관절을 이룬다. 후두골은 머리뼈의 뒤쪽과 두개골의 바닥을 이룬다. 척추의 첫 번째 척추골과 관절을 이룬다.

(4) 측두골

측두골은 머리뼈의 양 측면에서 봉합을 따라 두정골과 관절을 이룬다. 두개골의 바닥과 측면의 일부를 형성한다.

(5) 접형골

접형골은 두개골의 앞부분에 있는 여러 개의 뼈 사이에 끼어있다. 접형골은 두개골의 바닥 머리뼈의 측면 안와의 바닥과 벽을 형성한다.

(6) 사골

사골은 접형골의 앞에 있다. 비강의 양 측면에 위치한다.

2) 안면골

안면골은 13개의 움직이지 않는 뼈와 1개의 움직이는 하악골로 되어있다. 이들은 얼굴의 기본적인 형태를 이루고, 턱을 움직이고 얼굴의 표정을 조정하는 여러 근육들의 부착부위가 된다.

(1) 상악골

상악골은 위턱을 이룬다. 상악골은 얼굴뼈의 중심이 움직이지 않는 모든 뼈들이 상악골과 관절을 이룬다.

(2) 구개골

구개골은 상악골 뒤에 위치하며 L자 모양으로 생긴 한 쌍의 골이다.

(3) 권골

권골은 눈의 아래와 측면으로 튀어나온 뺨을 이루는 부분이다. 이 뼈는 안와의 외측벽과 바닥을 형성한다.

(4) 누골

누골은 얇은 비닐 모양의 구조로 사골과 상악골 사이에 위치한 안와의 내측벽에 있다. 안와에서 비강으로 연결되는 통로가 있어 눈에서 비강으로 눈물을 운반한다.

(5) 비골

긴 사각형의 모양의 한 쌍의 작은 골로 비근부를 이룬다. 비골에는 코모양을 이루는 연골조직이 부착되어 있다.

(6) 서골

한 개의 골로 옛날 쟁기모양이며 비강내에 위치하여 비중격(nasal septum)의 하방을 이룬다.

(7) 아래 비갑개

아래 비갑개는 부서지기 쉬우며 두루마리 모양의 뼈로 비강의 외측 벽에 부착되어 있다.

(8) 하악골

하악골은 말굽모양의 몸통과 양 끝에서 위쪽으로 뻗은 납작한 하악골 가지로 이루어져 있다.

3) 골격의 기능

골격은 신체 구조에 모양을 부여하고 지지하며 보호한다. 이들은 또한 신체 운동을 돕는 지렛대로 작용하고 조혈세포를 포함하며 여러 가지 무기염을 저장 한다.

- **지지** : 인체의 구조에 형태를 부여하며 지지 한다.
- **운동 작용** : 근육들이 골격에 부착하며 골들은 가동관절을 형성하여 인체가 가능한 운동을 할 수 있도록 돕는 중요한 역할을 한다.
- **보호 작용** : 골격은 생명에 중요한 기관들을 보호한다.
- **광물질 저장** : 골격은 칼슘, 인산, 나트륨, 마그네슘 등의 중요한 저장고가 된다.
- **조혈작용** : 출생 이후에 골수에서는 조혈작용을 한다.

2 근육계통

근육계의 기관은 주로 수축작용을 수행하기 적합한 세포로 구성되어 있다. 수축작용을 하는 동안 영양분으로부터 나오는 에너지를 기계적 에너지나 운동에너지로 변환시킨다. 근육세포가 수축할 때 근육세포는 부착한 부위로 몸의 일부분을 끌어당긴다. 이러한 작용은 다리의 관절이 걸을 때 펴지고 구부러지고 하여 움직이게 한다. 인체의 근육은 골격근, 평활근 , 심근으로 분류할 수 있다. 인체의 골격근은 (그림 10-4, 10-5) 인체에는 600여개가 넘는 근육이 있으며 근육은 모양이나 작용과 위치, 부착, 근의 두수와 크기에 따라 다르게 부른다.

1. 안면 표정근

얼굴피부의 아래에 있는 작은 근육들이 모여 얼굴표면을 통해 감정을 나타나게 한다. 안면 표정근육들은 집단으로 두개골의 피하의 여러 결합조직을 연결시키는데 그림 10-6에서 상세히 보여주고 있다.

1) 머리덮개근

머리덮게근은 두개골의 위쪽 표면을 덮으며 두개의 근육 부분으로 구성되어 있다. 머리덮게근의 수축은 눈썹을 끌어올리며 앞이마의 피부를 수평으로 주름지게 한다.

2) 눈둘레근

눈둘레근은 반지 모양의 근육으로서 조임근 이라고도 부르며 눈 주위에 위치한다. 눈을 감거나 깜박거리는데 이용된다. 눈물샘을 압박하여 눈의 표면으로 눈물을 내보내는 역할을 한다.

3) 입둘레근

입 주위를 둘러싼 조임근 이다. 입둘레근은 피부와 입의 점막층 사이에 위치한다.

4) 볼근

뺨의 벽에 위치한다. 볼근의 섬유들은 턱의 뼈로부터 입의 모퉁이로 자리잡고 있으며 볼근이 수축되면 뺨은 안쪽으로 압축되어 진다.

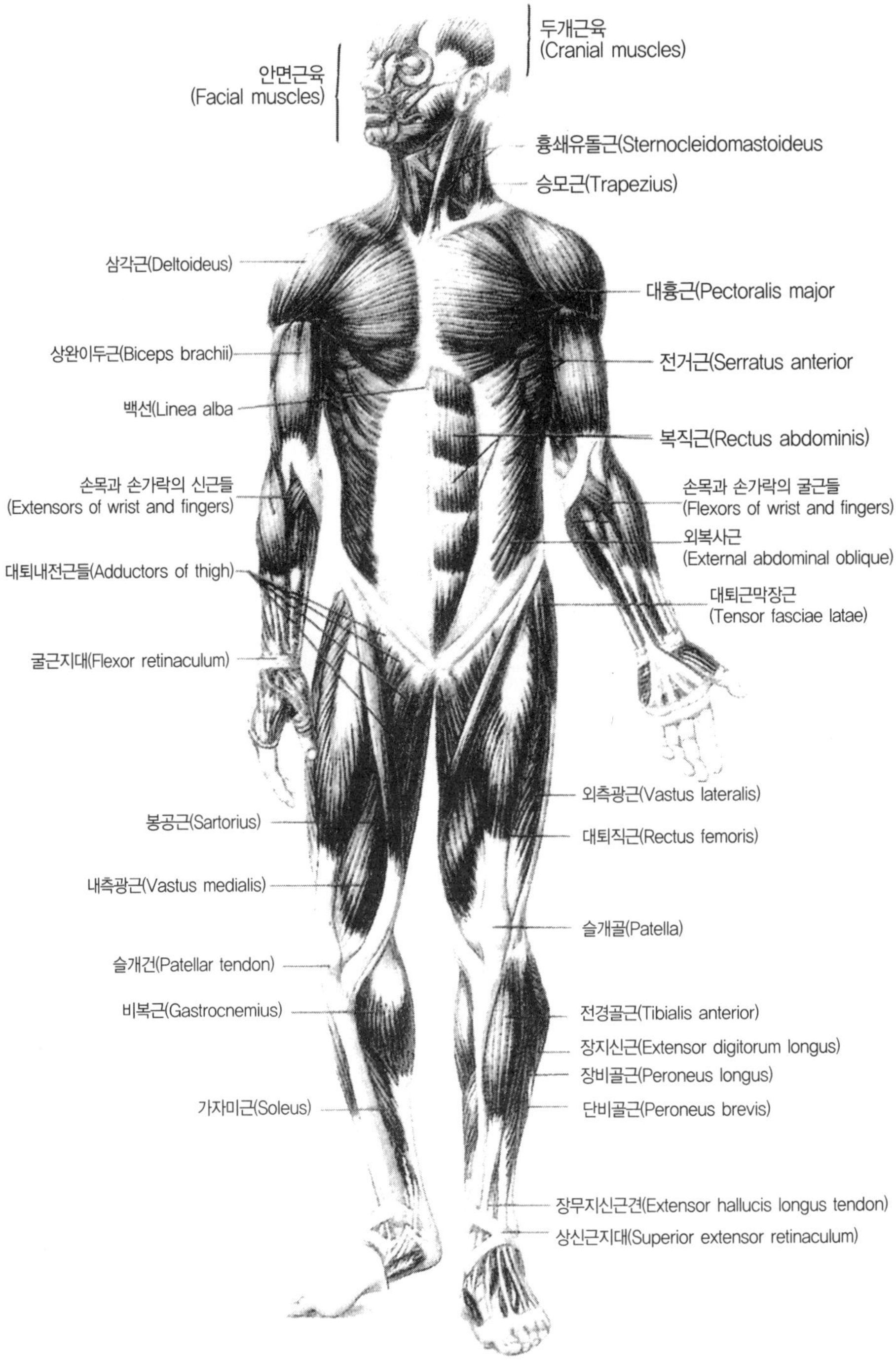

그림 10-4. 인체 골격근(전면)

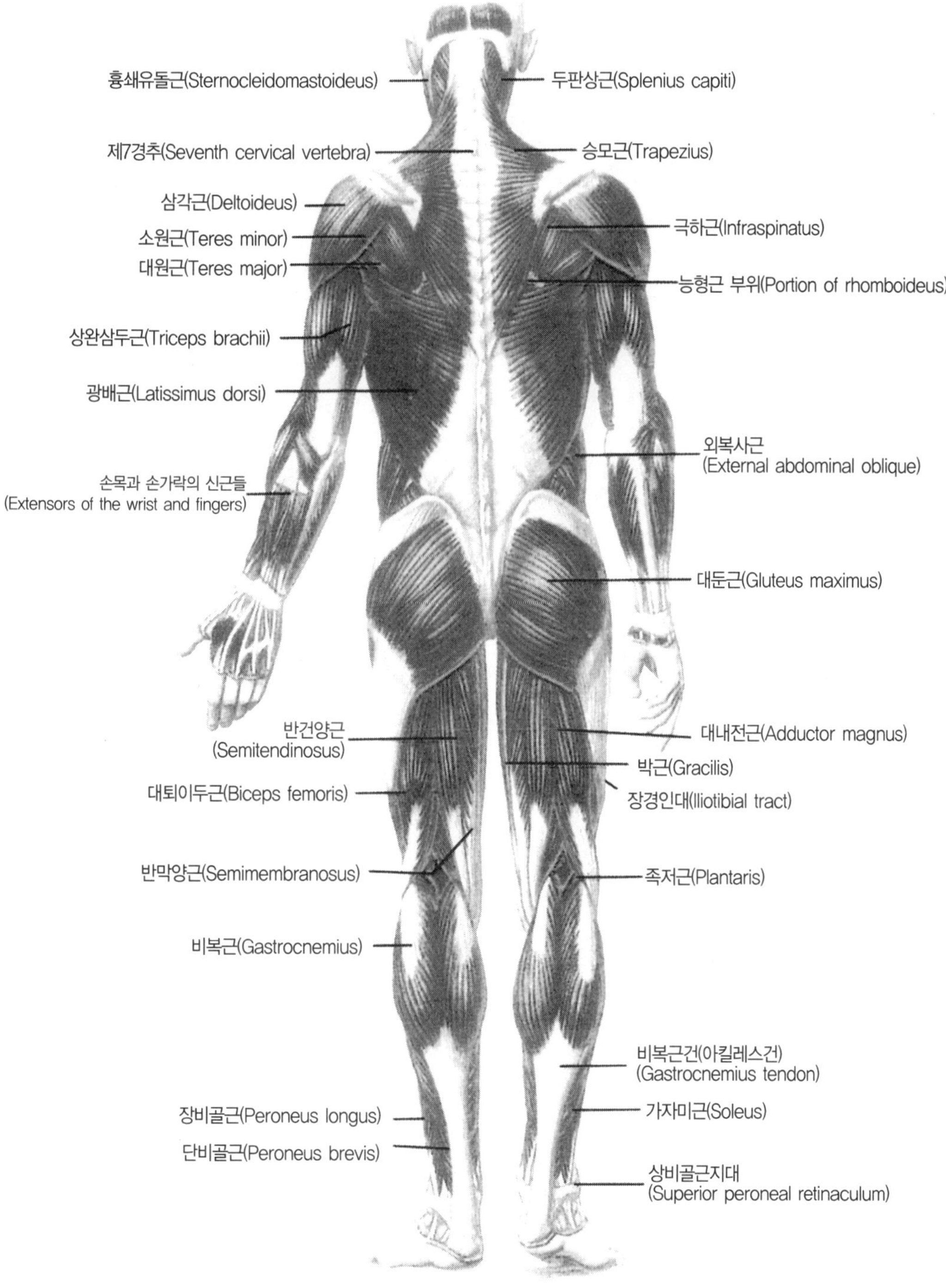

그림 10-5. 인체 골격근(후면)

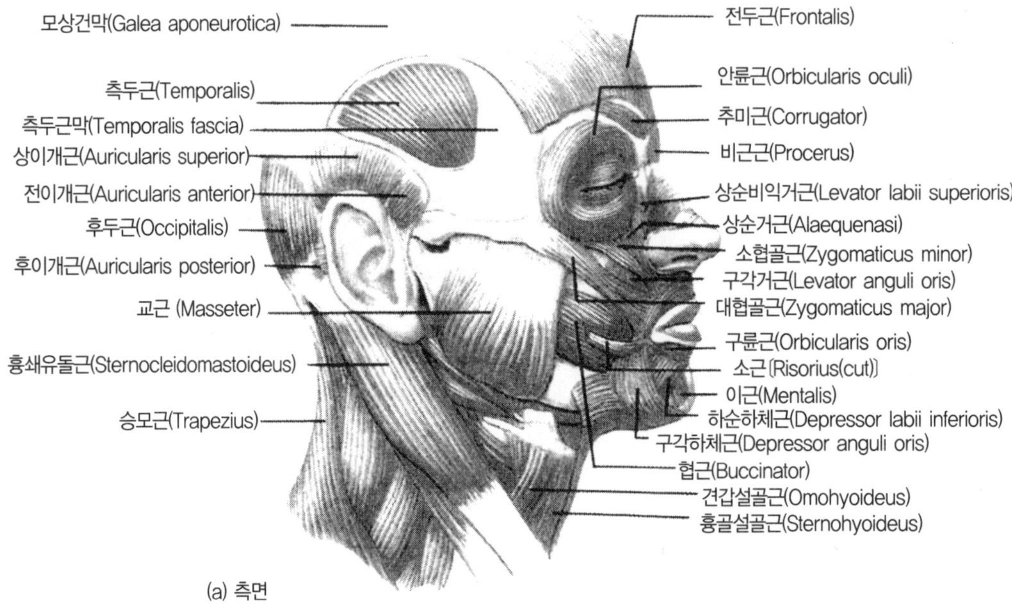

(a) 측면

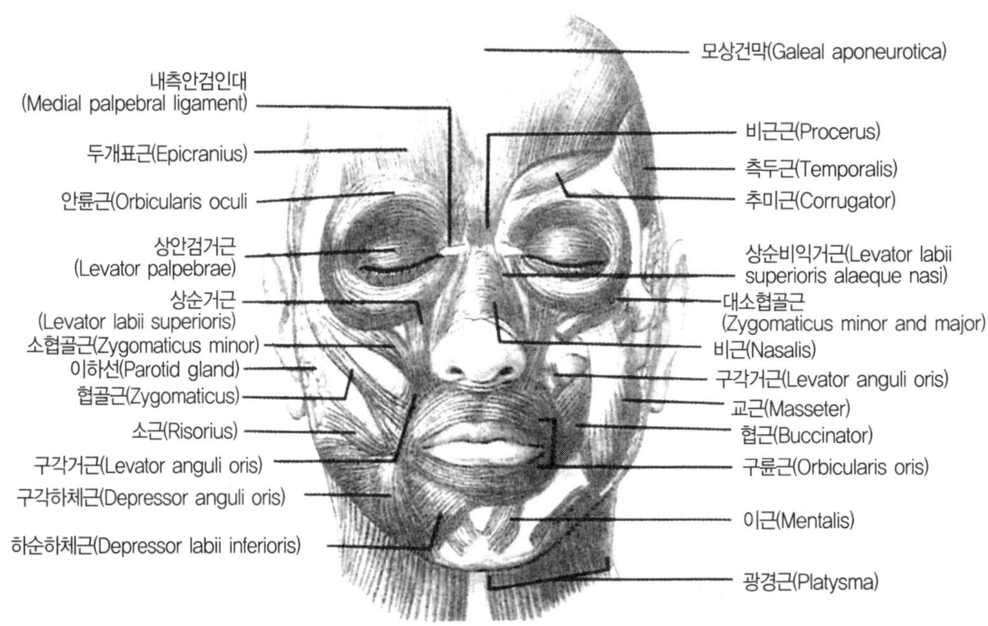

(b) 전면

그림 10-6. 두부의 근육

5) 권골근

권골근으로부터 입의 가장자리로 향하고 있다. 권골긍이 수축하면 입의 가장자리가 올라간다.

6) 넓은목근

얇은 판 모양의 근육으로 넓은 목근 섬유들은 가슴에서부터 목을 넘어 얼굴까지 올라와 뻗어있다.

2. 저작근

저작근은 두개골에서 기시하여 하약골에 정지하는 근육으로서 악관절에 분포하며 입을 열고 다무는데 중요하다.

1) 교근

두껍고 편편한 근육으로 이를 악물었을 때 귀의 앞쪽에서 느껴진다. 즉 협골궁의 전후면에서 기시하여 하악각, 하악지에서 정지하고 하악골을 위로 당기는 역할을 한다.

2) 측두근

측두와에서 기시하여 하악골의 근돌기에서 정지한다. 삼차신경이 지배하여 하악골을 사방과 후방으로 당기는 작용을 한다.

3) 내측 날개근

접형골의 익상돌기 외측판에 기시하여 하악간의 내면에서 정지하고 하악골을 상?외측으로 당기는 역할을 하며 하악신경의 지배를 받는다.

4) 외측 날개근

접형골의 익상돌기 외측반에 기시하여 하악골의 관절돌기 상부에 정지하고 하악골을 앞으로 당기며 턱을 여는 작용을 한다. 하악 신경의 지배를 받는다.

3. 경부근육

경부근육들은 머리의 굽힘과 펴짐 및 회전 등을 하게 한다(10-7).

1) 흉쇄유돌근

목의 옆 부분에 있는 긴 근육으로 흉부로부터 나와 귀 뒤쪽의 기저부까지 뻗어 있다. 한쪽이 수축하면 머리를 반대로 돌리고 양쪽이 동시에 작용하면 얼굴을 위로 올린다(그림 10-8).

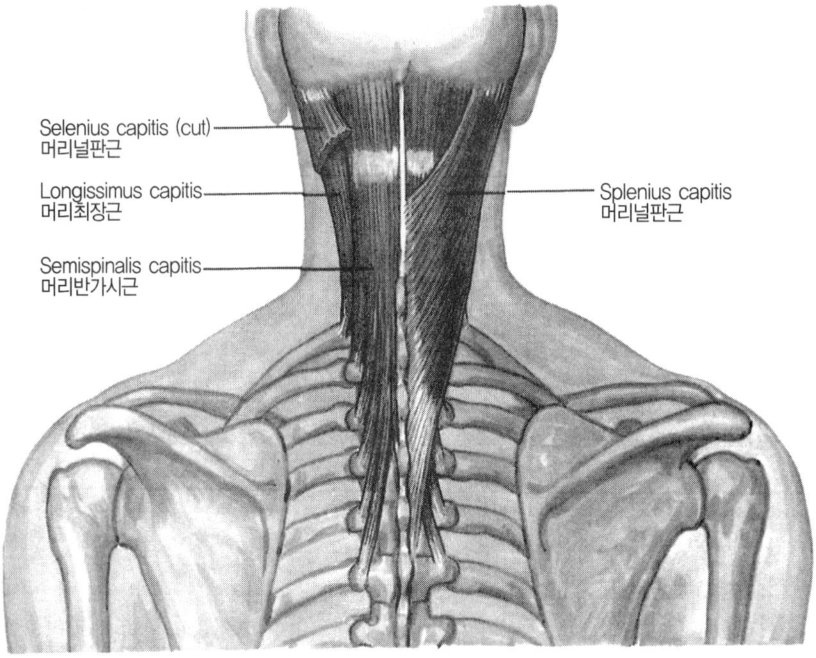

그림 10-7. 뒷목의 근육

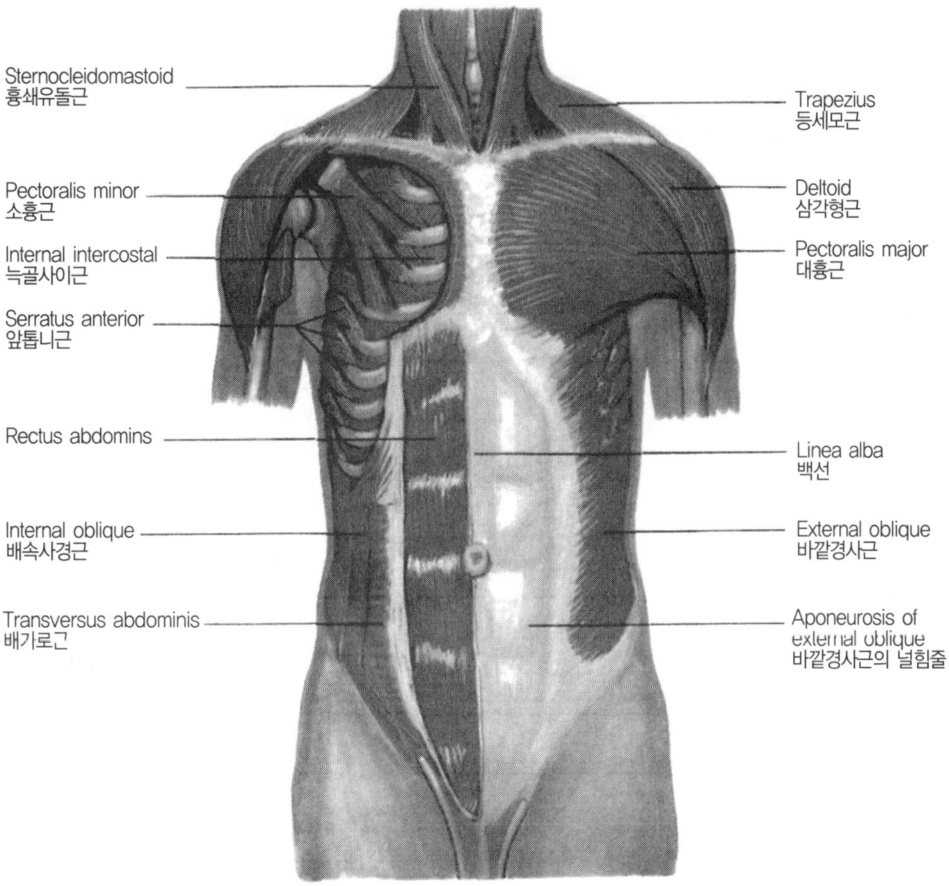

그림 10-8. 앞면근육

2) 머리널판근

넓은 혁대모양의 근육으로 목의 뒤 쪽에 위치한다. 머리널판근은 두개골의 기저부를 목과 상 흉부에 있는 척추에 연결해 준다. 머리 회전 및 굽힘 작용을 한다.

3) 머리반가시근

넓은 판자 모양의 근육으로 목과 흉부의 척추로부터 후두골까지 상행으로 뻗어 있다. 머리를 세우고 한쪽방향으로 굽히고 회전도 가능하게 해준다.

4) 머리최장근

좁은띠 모양의 근육으로 목과 흉부의 척추로부터 나와 측두골까지 뻗어있다. 머리를 추켜올리거나 한쪽으로 굽히고 회전시키는 기능을 한다.

4. 등의 근육

천배근군, 중간배근군, 심배근군으로 나눌 수 있으며 천배근군은 척주와 상지를 연결하여서 상지의 운동에 관여하고 중간배근군은 늑골의 운동에 관여하여 심배근군은 척주를 움직인다.

· 천배근

1) 승모근

후두골 상항선, 외후두 융기, 항인대, 제 7경 추~제 12흉추의 극돌기에서 기시하여 쇄골의 외측⅓지점, 견갑골의 견봉과 견갑근에서 정지한다. 작용은 견갑골을 위로 당기며 머리를 뒤나 옆으로 굽힌다. 지배신경은 부신경과 경신경이다.

2) 광배근

제 7흉추 이하의 척주의 극돌기와 골반에서 기시하여 상완골 소결절에 정지하는 근으로 액와 후벽을 형성한다. 대흉근과근 길항적으로 상완의 내전과 내측회전에 관여하는데, 팔을 힘차게 내뻗어 휘젓게 하는데 주동적으로 작용하기 때문에 수영선수의 근이라고 한다.

3) 능형근

승모근의 하층에 있으며 작용은 견갑골을 내상방으로 잡아당기는 것이다.

대능형근은 제 1, 2, 3, 4,흉추의 극돌기에서 기시하여서 견갑골의 내측연 하방에서 정지하고 소능형근은 제 6, 7 경추 극돌기에서 기시하여 견갑골 내측연 상방에서 정지한다.

4) 견갑거근

경추부터 견갑골에 이르는 띠모양의 근육으로서 승모근에 의해서 덮여 있으며 견갑골을 위로 당기는 역할을 한다.

2. 심배근

1) 상후거근

제 5경추에서 제 2흉추의 극돌기, 항인대에서 기시하여 제 2~5늑골의 늑골각에서 정지하여 제 2~5늑골을 위로 올리는 작용을 한다. 늑간신경이 지배한다.

2) 하후거근

요배근막에서 기시하여 세 9~12늑골의 하년에서 성지한다. 제 9~12늑골을 밑으로 잡아당기며 늑간신경이 지배한다.

3) 두판상근

항인대, 제 7경추~제 3흉추의 극돌기에서 기시하여 후두골의 상항선, 측두골의 유양돌기에서 정지한다. 작용은 한쪽만 작용하면 얼굴을 그 쪽으로 돌린다. 척추신경 후지가 지배한다.

4) 경판상근

제 3~6흉추의 극돌기에서 기시하여 제 1~4경추를 횡돌기에서 정지한다. 양쪽이 작용하면 두경부를 신전시킨다. 척수신경이 후지가 지배한다.

5) 장늑근

- **요장늑근** : 모든 요추의 극돌기, 천골, 장골능에서 기시하여 제 6~12늑골각에서 정지한다. 한쪽만 작용하면 몸을 그족으로 회전시킨다. 양쪽이 작용하면 척주를 신전시키고, 늑골을 밑으로 잡아당긴다. 척수신경이 후지가 지배한다.
- **흉장늑근** : 제 6~12늑골각에서 기시하여 제 1~6늑골각에서 정지한다. 한쪽만

작용하면 몸을 그쪽으로 회전시킨다. 양쪽이 작용하면 척주를 신전시키고, 늑골을 밑으로 잡아당긴다. 척수신경 후지가 지배한다.

- **경장늑근** : 제 1~6늑골각에서 기시하여 제 4~6경추의 횡돌기에서 정지하고 한쪽만 작용하면 몸을 그쪽으로 회전시킨다. 양쪽이 작용하면 척주를 신전시키고, 늑골을 밑으로 잡아당긴다. 척수신경을 후지가 지배한다.

6) 최장근

- **흉최장근** : 모든 요추의 극돌기, 천굴, 장골능에서 기시하여 모든 흉추와 상위 요추의 횡돌기에서 정지한다. 한쪽만 작용하면 몸을 그쪽으로 회전시킨다. 양쪽이 작용하면 척주를 신전시키고, 늑골을 밑으로 잡아당긴다. 척수신경 후지가 지배한다.
- **경최장근** : 제 1~5흉추의 횡돌기에서 기시하여 제 2~6경추의 횡돌기에서 정지한다. 한쪽만 작용하면 몸을 그쪽으로 회전시킨다. 양쪽이 작용하면 척주를 신전시키고, 늑골을 밑으로 잡아당긴다. 척수신경 후지가 지배한다.
- **두최장근** : 제 3경추~ 제 3흉추의 횡돌기에서 기시하여 측두골의 유양돌기에서 정지한다. 한쪽만 작용하면 몸을 그쪽으로 회전시킨다. 양쪽이 작용하면 척주를 신전시키고, 늑골을 밑으로 잡아당긴다. 척수신경 후지가 지배한다.

7) 극근

- **흉극근** : 모든 요추의 극돌기, 천골, 장골능에서 기시하여 제 3~6흉추의 극돌기에서 정지한다. 한쪽만 작용하면 몸을 그쪽으로 회전시킨다. 양쪽이 작용하면 척주를 신전시키고, 늑골을 밑으로 잡아당긴다. 척수신경 후지가 지배한다.
- **경극근** : 제 6경추~ 제 2흉추의 극돌기에서 기시하여 제 2~4 경추의 극돌기에서 정지하며 한쪽만 작용하면 몸을 그쪽으로 회전시킨다. 양쪽이 작용하면 척주를 신전시키고, 늑골을 밑으로 잡아당긴다. 척수신경의 후지가 지배한다.
- **두극근** : 하위 경추와 상위 흉추의 극돌기에서 기시하여 두반극근의 근막에서 정지한다. 한쪽만 작용하면 몸을 그쪽으로 회전시킨다. 양쪽이 작용하면 척주를 신전시키고, 늑골을 밑으로 잡아당긴다. 척수신경 후지가 지배한다.

③ 신경계통

신경계의 구조 및 기능 단위는 뉴우런이다. 뉴우런은 신경자극에 의해 다른 곳으로 전달하는 구조체 이다. 신경계는 이 생명 조건을 유지하기 위해서 신체의 내부와 외부에서 일어나는 여러 가지 정보를 받아들이고 이를 통합, 분석해서 기능이 다른 수많은 세포들의 활동을 조절함으로써 신체활동을 알맞게 조절하고 통제하는 고도로 발달된 특수한 조직계통이다.

1. 신경계의 구성

신경계는 크게 신체가 말초기관으로부터 유입되는 정보를 통합, 분석하고 그에 적절한 신체반응을 일으킬 수 있도록 명령을 내리는 뇌와 척수로 구성된 중추신경계와 자극에 대응하여 일어나는 중추신경계의 반응을 말초로 전달하는 말초신경계로 나눌 수가 있다. 말초신경계를 형태적?해부학적으로 분류하면 12쌍의 뇌신경과 31쌍의 척수신경으로 나눌 수 있다.

1) 뇌신경

뇌신경은 뇌에서 나오는 말초신경으로 두개골을 통해 빠져 나와 주로 두부에 분포하고 운동과 감각을 담당한다.

(1) 후각신경

후각을 전하는 신경으로 후각점막에 있는 후각세포에서 시작해서 사골의 사판을 통해 후구까지 간다. 뇌신경 중에서 가장 짧은 신경이다.

(2) 시신경

시각을 전하는 망막 신경절 세포의 축삭돌기로 이루어진다. 시신경교차를 지난 부분을 시삭이라 하고 대부분은 외측슬상체에 일부는 상구에 이른다.

(3) 동안신경

활차신경, 외전신경과 함께 안구의 운동과 상안검을 올리는 운동을 담당한다.

(4) 부신경

부신경은 연수에서 나오는 섬유와 척수에서 나오는 섬유가 한 줄기로 되어 경정맥공을 지나가는 운동신경이다.

(5) 삼차신경

안면과 두부 앞면의 감각신경, 저작근을 지배하는 운동신경이 혼합된 것이다.

(6) 외전신경

안면의 표정근을 지배하고 타액이나 눈물의 분비도 담당한다. 미각섬유와 타액선의 분비를 지배하는 부교감 섬유는 운동섬유와는 다른 뿌리를 갖고 뇌에서 기시한다. 이것을 중간신경이라고 한다.

(7) 내이신경

청각과 평형감각에 관계하는 섬유가 포함된다. 전자는 내이의 와우에서 기시하는 와우 신경이고 후자는 내이의 반규관과 평형낭에서 나오는 전정신경이다.

(8) 설인신경

혀와 인두 및 혀뿌리와 경동맥동으로부터 충격을 전달하는 지각섬유이다. 이하선에 가서는 타액분비신경도 포함하고 있다.

(9) 미주신경

운동과 감각 및 부교가 신경이 혼합된 것으로 두 개, 인두, 후두의 운동을 담당한다. 또한 인두, 기관, 기관지, 폐, 심장, 대동맥, 소화관에 부교감 섬유와 감각섬유를 보낸다.

(10) 설하신경

설근을 지배하고 혀의 운동을 담당한다.

(11) 안면신경

안면신경은 얼굴의 표정근을 지배하는 운동섬유와 미가에 관여하는 가막섬유가 섞인 혼합신경이며, 악하선과 설하선 및 누선에 분포하는 부교감 신경섬유를 포함하고 있다(그림 10-9).

(12) 활차신경

활차신경은 뇌신경중 가장 작으며 유일하게 뇌간의 배측에서 나오는 신경으로 동안선경핵 바로 뒤쪽 중뇌 하구에서 기시한 후 중뇌수도 주위를 돌아서 상수범에서 교차한다. 교차된 신경섬유는 상안와열을 지나 안와로 들어와 상사근에 분포한다.

2) 척수

척수는 26개의 추골들이 형성한 척주관 속에 들어 있는 길이 약 4.5cm, 무게 약 30g, 지름 약 1cm인 연한 백색 장기로 상방은 대후두공 높이에서 연수와 연결되고, 하방은 제 1, 2 요추 위에서 척수 원추로 끝나는데, 척수 원추의 끝은 약 20cm의 종사로서 미골의 후면까지 하행하고 있다. 또한 척수는 모든 부위가 같지 않고 두 곳에서 나른 부위보다 소금 더 비후된 곳이 있어서 이를 각각 경팽대와 요팽대라고 한다. 척수신경은 척수부절에 대응해서 척수 양측을 출입하는 한 쌍의 말초신경으로 이들은 추간공을 통해서 척주관을 나온다.

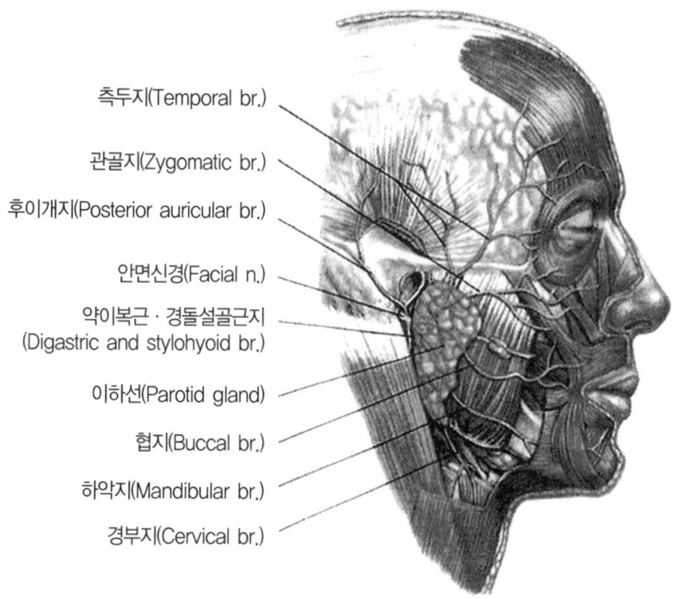

그림 10-9. 안면신경

(1) 척수신경의 구분

- 경신경 : 8쌍
- 흉신경 : 12쌍
- 요신경: 5쌍
- 천골신경 : 5쌍
- 미골신경 : 1쌍

3) 자율신경

말초신경계에는 운동이나 감각을 담당하는 체성신경계 외에 자율신경계가 있다.

- **교감신경** : 스트레스성 신경으로서 흥분하면 심박동이 증가하고 동공이 확대되고 혈관이 수축하며 혈압이 상승하고 위장관이 수축하고 연동운동이 저하된다.
- **부교감신경** : 흥분하면 심박동이 느려지고 혈압이 하강하며 동공이 축소시키고 기관과 소화관의 근육을 수축시키며 소화액의 분비를 촉진한다. 피부 관리실에서 마사지를 받으면 부교감신경이 흥분한 상태로 되어서 편안함을 느낀다.

④ 피부 관리학과 해부생리학과의 관계

1. 피부와 마사지의 상관관계

신체와 정신의 건강을 위해 접촉은 매우 중요한 역할을 하며 많은 사실들이 이를 뒷받침한다. 마음의 상태와 기분은 직접적으로 얼굴 피부에 반영되어 나타난다. 종종 신체의 질환은 안색이나 피부톤에 반영되어 나타난다. 피부가 외부환경에 대한 가장 광범위한 센서이기 때문에 피부에 미치는 영향은 다음과 같다.

- 진피의 콜라겐 섬유를 재형성하는데 도움을 주어서 깊은 피부의 상차를 치유하는데 도움을 준다.
- 마사지는 혈류를 증가시켜서 손상된 조직이 독소를 제거하고 상처치유를 촉진시킨다.

- 마사지는 화장품이나 약물의 흡수를 촉진시킨다.
- 마사지는 뇌에 의해 느끼는 통증을 완화시킨다.

2. 골격계, 관절계와 마사지

골격 이상이 있는 경우에는 마사지를 할 때 신중을 기해야 하지만 보통 골격주위에 신경들이 분포하고 있기 때문에 근육의 통증이나 신경적인 안정을 유도할 때 마사지를 해주는 것이다.

3. 근육계와 마사지

- 근육은 여러 가지 다른 조직들로 구성되어 근육에 의해 생긴 긴장은 결합조직으로 전해진다. 누르기나 스트레칭, 마찰법은 결합조직을 더욱더 유연하게 하는 장점이 있다.
- 결합조직은 열이나 마찰이나 여러 가지 운동에 의해서 더 유연해지고 차가운 것에 노출되거나 하면 더 강직된다. 이것은 콜라젠과 결합조직 쥐위를 싸고 있는 물질 등 때문이다. 적절한 냉온요법과 마사지와 운동은 조직의 유착형성을 방지한다.
- 건이나 인대나 근막과 같은 구조는 결합조직으로 구성되어 있는데 생명력이 없는 콜라젠 섬유로 구성되어 혈류 공급의 감소뿐만 아니라 상처 치유 속도가 지연된다.
- 근육의 강도는 개개인마다 차이가 크다. 이것은 신경계의 이상에 의해서도 야기될 수가 있다.
- 누르면 심하게 아프고 예민한 근육의 trigger points는 이곳을 마사지해 줌으로서 다양한 근육통증과 신체의 통증을 완화시킬 수가 있다.
- 또한 많은 근육통은 직업적은 특성이나 나쁜 자세로 인해서 일어날 수가 있다. 일과 관련된 스트레스로 인한 근육통도 마사지에 의해 완화될 수 있다.

4. 심혈관계와 마사지

- 마사지는 조직의 혈관을 이완시키고 통증을 유발하는 독소를 제거한다.
- 심장을 향하여 쓰다듬기 하는 것은 정맥순환과 림프 배농을 촉진시킨다.
- 교감신경계를 저해하여 심박동율은 저하시키고 수축을 증가시키며 마사지에 의한 이완은 혈관을 이완시키며 혈압을 저하시킨다.
- 고혈압 환자나 고혈압 약을 복용중인 사람의 경우나 심한 정맥류의 경우에는 마사지를 금기해야 한다.

5. 면역계와 마사지

스트레스를 해소함으로서 마사지는 면역계에 다양한 영향을 미친다. 면역력을 증진시켜서 다양한 감염으로부터 우리 신체를 보호할 수 있게 된다. 보통 면역력이 떨어지면 감염이 잘 일어나며 체중이 감소하며 지속적인 피로감도 면역력 저하의 증상이다. 과도한 면역반응인 알레르기는 특히 아로마 오일이나 특별한 화장품에 의해서도 야기될 수 있다. 이럴 때에는 그 알레르기 유발 제품의 사용을 피하도록 한다.

6. 내분비계와 마사지

마사지는 신경계를 통해서 내분비계에 직접적인 영향을 미친다. 내분비계의 영향으로 호르몬의 분비에 영향을 주는 것이다. 특히 당뇨 환자의 경우에는 마사지를 피해야 하는데 마사지가 내분비계에 영향을 미쳐서 혈당량의 변화를 가져올 수 있기 때문이다.

7. 생식기계와 마사지

뇌하수체의 시상하부가 난소와 고환의 분비에 관여하기 때문에 마사지는 생식기에 간접적으로 영향을 미친다. 평활근과 선분비는 자율신경계의 영향으로 조절된다.

8. 비뇨기계와 마사지

마사지의 또 다른 효과는 이뇨 효과를 촉진하는 것이다.

9. 질환과 마사지와의 관계

마사지는 진통효과를 가져올 수 있다. 다양한 쓰다듬기 기법은 림프 배액을 촉진시키고 부종을 감소시키며 히스타민을 유리시키고 혈관을 이완시킨다. 또한 독소를 배출시키고 부종을 감소시키며 특정 부위에 산소를 운반시킨다.

마사지는 근육경색을 방지하고 통증을 완화시킨다.

11 피부미용을 위한 기초 미생물

1 미생물

11 피부미용을 위한 기초 미생물

① 미생물

1. 미생물이란

미생물(微生物)은 한자의 표현 그대로 "아주 작은 생물"을 말한다. 영어로는 microorganism 또는 microbe라고 하는데 이 단어 역시 작다는 의미의 희랍어인 Micros와 생물이라는 희랍어 Bios가 결합되어 만들어진 말로써"아주 작은 생물"을 의미한다. 미생물을 "눈으로 식별되지 않는 생물"이라고도 정의한다. 즉 현미경을 통해서 그 형태를 볼 수 있는 일군의 생물을 말하며 주로 단세포(single cell) 또는 다세포라도 조직분화를 나타내지 않는 균사(hypha)로 이루어진 생물로서 가장 작은 생활단위로 된 한 개체를 말한다. 각종 미생물의 크기를 보면 곰팡이는 직경 3~10㎛, 길이 무한대이며, 효모는 6~8㎛, 세균은 0.5~3㎛, 리케차는 0.3~0.8㎛, 바이러스가 0.017~0.3㎛정도이다. 대부분 하나의 미생물세포는 동?식물세포와는 달리 한 개체가 생육, 호흡, 증식 등의 생명현상을 다른 세포의 도움 없이 행할 수가 있는데, 미생물에는 보통 세균, 방선균, 효모, 곰팡이, 버섯, 조류, 원생동물 등이 포함되며, 자연계 어디서나 존재하면서 인간에게 유효 또는 유해한 작용을 한다.

2. 미생물학이란

미생물의 형태, 구조, 성분, 영양, 생리 및 분류와 생태를 비롯하여 작용, 대사산물, 대사기전 등을 연구하는 학문으로써, 미생물학은 크게 일반미생물학, 병원미생물학, 응용미생물학으로 분류한다. 일반미생물학은 미생물에 대한 이론적 기초를 주로 연구하는 학문이며, 응용미생물학은 미생물의 응용에 중점을 두어 연구하는 학문으로서 식품미생물학, 공업미생물학 등은 여기에 속하고, 병원미생물학은 동·식물의 병원균을 주로 연구하는 학문이다.

3. 미생물학의 발전사

1) 미생물계의 이해

미생물의 존재는 1677년 네덜란드 사람 Antony van Leeuwenhoek (1632~1732)에 의하여 알려지게 되었다. 그는 자기 자신이 직접 만든 현미경으로 하수. 오염수, 치석 등을 관찰하여 미생물의 존재를 확인하게 되었다. 이것이 세균을 포착한 최초의 일이라고 한다. 이때부터 질병의 발생의 원인은 미생물이라는 사실을 인정하였으며, Louis Pasteur(1822～1895)는 부패가 미생물의 작용에 의한다는 것을 증명하였다. Jeseph Lister(1827～1912)는 영국의 외과 의사로 외과 수술에 있어 상처가 곪는 것을 막기 위해 페놀 및 기타 소독약을 사용하여 외과 수술에 크게 공헌하였다

피부미용인은 질병의 발생 원인을 알고 손님의 건강과 본인의 건강을 위하여 질병의 발병 원인 파악하고 질병의 발생을 차단해야한다. 비위생적인 도구(붓, 롤러, 고주파, 저주파, 석션 컵, 가위 및 메이크업 붓)를 사용하게 되면 세균에 의한 피부나 혈액에 전염병의 원인이 된다. 더러운 손은 세균 감염의 원인이 된다.

2) 세균

세균은 아주 작은 미생물이다. 세균은 현미경으로 볼 수 있으며, 형태에 따라 구균, 간균 및 나선균의 3가지형태로 크게 나뉜다. 이들은 질병 조직이나 쓰레기 및 먼지 등에 다량 포함되어있다. 세균은 손톱, 의복, 신체 분비물, 상한 물질, 공기, 물 및 피부 어디든 존재한다.

(1) 세균의 형태

- **유익한 세균** : 비옥한 토양을 만드는 세균, 쓰레기 분해하는 세균
- **유해한 세균** : 질병의 원인균

따라서 미용인이나 미용과 학생들 및 관리실들은 지속적인 위생청결에 관심을 가져야 한다.

(2) 유해한 세균의 분류

세균의 분류는 그림 11-1에 나타나있다.

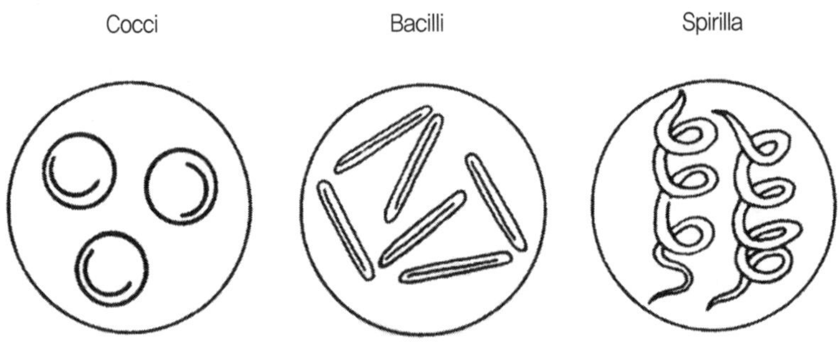

그림 11-1 세균의 일반적인 형태

- **구균** : 구균은 분열 후 형태에 따라 다음과 같이 나뉜다(그림 11-2).
- **단구균** : 세포가 흩어져 있다.
- **쌍구균** : 세포가 두개씩 연결되어있다. 예를들면, 폐렴균
- **연쇄상구균** : 한쪽 방향으로 길게 연결되어있다. 예를들면, 화농균(목염증)
- **포도상 구균** : 포도송이 모양을 하고 있다. 예를들면, 화농균(여드름, 종기)
- **간균** : 막대기 모양으로 이 세균은 디프테리아, 결핵, 장티프스, 파상풍 및 인플루엔자 등의 질병의 균들이다(그림 11-3).
- **나선균** : 나선균은 꼬부라져 있다. 예를 들면, 매독의 원인균

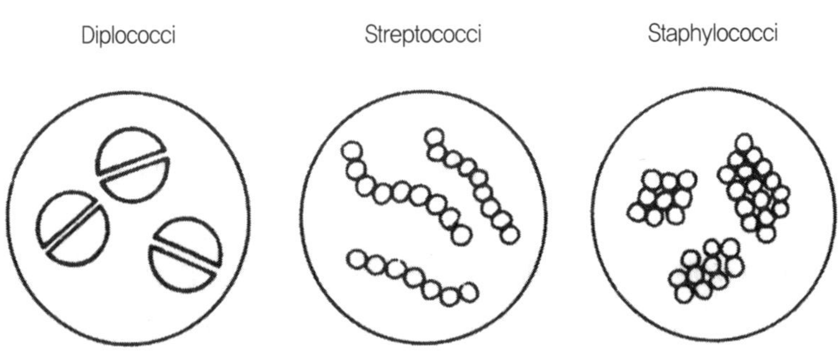

그림 11-2 구균의 일반적인 형태

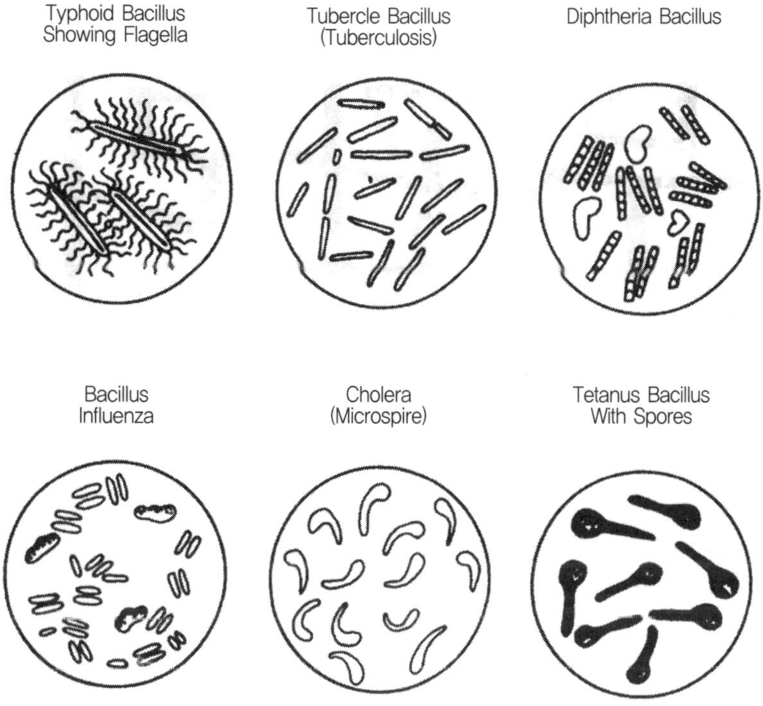

그림 11-3 질병을 일으키는 세균

(3) 세균의 번식

세균의 증식 방법은 주로 분열법이다. 그러나 세균은 배양 조건이 변화되거나 악화되면 강한 포자를 형성한다. 이 세균은 충분한 영양원이나, 더럽고, 어둡고, 따뜻하고 습한 상태가 되면 다시 성장하기 시작한다. 따라서 간균 및 나선균은 세포가 2배 정도로 길어지고 중앙에 격막이 생겨 2개의 세포로 분열하고, 구균은 타원형을 이루고 있다가 격막이 생겨 분열하게 된다.

(4) 세균의 감염

국부감염(농을 포함하는 여드름과 종기)과 전신 감염(혈류를 타고 세균 독을 전신으로 운반되는 매독)이 있다.

- **농** : 감염의 증상이다. 포도상 구균은 농의 가장 대표적인 균이다.
- **감염원인** : 더러운 손, 도구, 콧물, 재치기, 기침, 타액, 개방병소, 더러운 컵 및 타올 등등

- **신체에 세균 감염의 형태** : 피부의 손상, 입, 눈, 코 및 귀 등등
- **신체에서의 방어작용** : 건강한 피부, 신체에서 분비작용(땀), 백혈구(식균작용), 항독소(예방접종)

(5) 다른 감염원들

- **여과성 바이러스** : 위장이나 호흡기 질환의 원인균
- **기생충** : 살아있는 생물체 내에서 기생
- **식물성 기생충 또는 곰팡이** : 피부질환인 버즘, 백선 및 비듬
- **동물성 기생충** : 옴의 원인이 되는 진득이 및 이

(6) 면역

- **자연면역** : 선천적 면역 즉 유전
- **후천적 면역** : 예방접종으로 획득한 면역

(7) 세균의 파괴

세균은 열처리(끓이거나 스팀, 굽거나, 태우기 및 자외선)로 감염성을 잃어버리게 된다.

- **예방접종** : 소아마비, 장티프스, 천연두, 백일해, 홍역 및 파상풍
- **항생제** : 곰팡이 및 미생물의 산물로 페니실린이 여기에 속한다.

(8) 신체 방어

- **첫 번째 방어선** : 세균은 신체의 구멍(입 및 코)을 통해서 들어온다. 세균은 신체뿐만 아니라 식품 및 음료수에도 존재하며 이것은 피부의 구멍이나 손상된 곳으로 들어오게 된다. 따라서 건강한 피부는 질병으로부터 중요한 방어 수단이 된다.
- **두 번째 방어선** : 유해한 세균으로부터 염증을 유발하여 자신을 보호한다.
- **세 번째 방어선** : 신체에 존재하는 항체가 유해한 세균을 파괴한다.

(9) 식물과 세균

식물로부터 얻어진 세균은 건강에 해로운 질병을 일으킬 수 있다. 버즘이나 무좀은 곰팡이로부터 얻어진 질환들이다.

(10) 곤충들

많은 곤충들은 유해한 미생물을 운반하는 운반체이다. 즉 이, 벼룩 및 모기는 혈액 내로 유해한 미생물을 주입한다. 예, 말라리아는 모기가 원인이다.

(11) AIDS(Acquired Immune Deficiency Syndrome)

AIDS는 HIV 바이러스가 원인이다. HIV는 인간의 면역체계를 파괴한다.

[HIV 일반적인 전이 방법]

- 성 접촉에 의해서
- 감연된 주사바늘

[AIDS 와 Esthetician]

관리실을 항상 청결한 상태를 유지(소독 및 살균), 수술용 장갑을 이용

참 고 문 헌

1. Joel Gerson Standard Textbook for Professional Estheticians., Milady's, 1999
2. Arlene Alpert...et al. Standard Cosmetology., Milady's, 2002
3. 손규목의 5인 식품미생물학 : 효일, 2003
4. 김선희의 8명 생화학 : 서울 외국서적
5. 이범구 인체와 질병 : 송암문화사 1994
6. 김주덕의 5 공역. 신화장품학 : 동화기술 1997
7. 이정실의 4 공저. 사람을 위한 생활과 영양관리 : 유림문화사 2001
8. 김명숙 피부관리학 : 한문사 2001

찾 아 보 기

[ㄱ]

[ㄴ]

[ㅇ]

[ㅈ]

[ㅊ]

[ㅋ]

[ㅌ]

[ㅍ]

[ㅎ]

피부 미용인을 위한 피부과학

2006년 1월 20일 초판 인쇄
2006년 1월 25일 초판 발행

지은이 : 명은진 · 신지영 · 최도점 공저
펴낸이 : 이무형
펴낸곳 : 태학원

주소 ; 서울시 마포구 신수동 88-13호
등록 : 제 10-193호(1988년 1월 25일)
전화 : 02-719-6680, 02-715-3554
팩스 : 02-719-6681
http:/www.thw.co.kr

가격 : 15,000원

ISBN : 89-86016-81-8 93590